J. Trüper

Psychopathische Minderwertigkeiten im Kindesalter

Ein Mahnwort für Eltern, Leherer und Erzieher

J. Trüper

Psychopathische Minderwertigkeiten im Kindesalter
Ein Mahnwort für Eltern, Leherer und Erzieher

ISBN/EAN: 9783743359437

Hergestellt in Europa, USA, Kanada, Australien, Japan

Cover: Foto ©berggeist007 / pixelio.de

Manufactured and distributed by brebook publishing software (www.brebook.com)

J. Trüper

Psychopathische Minderwertigkeiten im Kindesalter

I. Unsere Aufgabe.

"Psychopathische Minderwertigkeit" ist ein Ausdruck, der den meisten Lesern neu sein wird. Er ist es auch in der That und wurde zuerst in Anwendung gebracht von dem K. W. Staatsirrenanstaltsdirektor Dr. Koch in Zwiefalten.*) Doch nicht blofs der Name ist neu, auch der Inhalt des bezeichneten Begriffs bietet ein neues System nervöser und seelischer Anomalien, das Koch als selbständiges Gebiet innerhalb der Psychiatrie und Neurologie abzusondern, zu umgrenzen und in die rechte Beleuchtung zu rücken versucht. Unter dem Ausdruck psychopathische Minderwertigkeiten fafst er nämlich „alle, seien es angeborene, seien es erworbene, den Menschen in seinem Personleben beeinflussende psychische Regelwidrigkeiten zusammen, welche auch in schlimmen Fällen doch keine Geisteskrankheit darstellen, welche aber die damit beschwerten Personen auch im günstigsten Falle nicht als im Vollbesitze geistiger Normalität und Leistungsfähigkeit stehend erscheinen lassen."**)

Solche Regelwidrigkeiten finden wir nun nicht blofs bei Erwachsenen, mit welchen Koch sich vorwiegend beschäftigt, sondern ebenso häufig, wenn nicht noch häufiger, in der

---

*) Leitfaden der Psychiatrie. 1888. Die psychopathischen Minderwertigkeiten. 1891—1893.

**) Binswanger, Pelman u. a. fassen diese Abweichungen vom gesunden Körper- und Seelenleben unter dem Begriff teils der Nervosität, teils der sogen. neuropathischen oder psychopathischen Konstitution zusammen. Für den Arzt, der einen Patienten zunächst körperlich zu betrachten und zu behandeln hat, ist das ohne Frage das Gewiesenste. Für den Pädagogen aber, der in erster Linie das Innenleben zu gestalten hat, ist die Kochsche Betrachtungsweise die zweckmäfsigste.

Kinderwelt, sogar schon im Säuglingsalter, wie der Stuttgarter Nervenarzt Dr. A. Römer nachweist.*) Ihr Vorkommen bedeutet jedoch auch hier keineswegs, dafs immer das ganze seelische Verhalten der Betreffenden minderwertig und ihre ganze geistige Persönlichkeit, an und für sich betrachtet, eine niedrig stehende sein müfste. Nicht wenige psychopathisch minderwertige Kinder, obgleich sie in sich geschädigt und gekürzt sind, ragen doch in manchen geistigen Leistungen noch über andere gleichaltrige normale Kinder, über Kinder mit „rüstigem" Gehirn, weit hervor. Jedoch verhalten sie sich psychisch nicht wie andere. Es ist in ihrem Verhalten etwas, das sie vom Durchschnitt ihrer Altersgenossen unterscheidet, das alle in sich eigenartig, manche sehr auffällig macht. Andere nehmen nach und nach Schwächen und fehlerhafte Eigenschaften an, die sie vordem nicht hatten. Doch können sie weder in dem einen noch in dem andern Falle für schwachsinnig oder für geisteskrank (im eigentlichen und gebräuchlichen Sinne des Wortes) gelten. Ihre Mühseligkeiten, Verkehrtheiten und Mängel schaffen zwar oft sehr zu beachtende Hemmungen mancher Art bei ihrem Thun und Lassen und machen sie von klein auf **schwer erziehbar**, sofern sie nach den Erziehungsplänen und -Methoden für Normale behandelt werden sollen; aber ob die Erschwernis auch weit gehe, so sind sie doch nicht in der Weise geschwächt, gebunden, hingegeben und gehemmt, dafs sie die Freiheit ihrer Willensbestimmung eingebüfst hätten, wie es z. B. bei den schweren Formen der Idiotie, der Epilepsie und anderen eigentlichen Geisteskrankheiten der Fall ist.

Die psychopathischen Minderwertigkeiten beruhen, im Gegensatz zu den Fehlern und Verkehrtheiten gesunder Kinder, die Strümpell in seiner „Pädagogischen Pathologie" scharf davon abzugrenzen sucht, auf einer angeborenen oder erworbenen Minderwertigkeit der Konstitution des Gehirns oder des Nervensystems überhaupt, wenn auch oft nur auf einer **funktionellen** Abnormität ohne nachweisbare **organische** Veränderung. Sie tragen darum auch vielfach **körperliche** Regelwidrigkeiten als Begleiterscheinungen zur Schau.

*) Über psychopathische Minderwertigkeiten des Säuglingsalters. Stuttgart 1892.

Was von der Regel abweicht, bezeichnet man zwar in einem weiteren und allgemeineren Sinne als krankhaft; allein alles, was der Erzieher als Fehler bezeichnet und bezeichnen mufs, ist nicht immer eine Abweichung von der gesunden Regel und darum etwas Krankhaftes. Die Gesundheit hat weite Grenzen; zudem sucht der Erzieher seine Normen in höheren Regionen als der Naturforscher und Arzt. Nicht das, was in der Regel ist, gilt ihm als Norm, sondern das, was werden und sein kann und soll. Die Lüge ist z. B. für den Erzieher ein bedenklicher Fehler und doch nicht immer etwas seelisch Krankhaftes. Gesunde Kinder lügen auch wohl einmal, und das ist gewifs ein schlimmer, aber doch noch kein krankhafter Fehler. Umgekehrt kenne ich psychopathisch schwer belastete Kinder, deren Ängstlichkeit vor einer Unwahrheit ein für jedermann erkennbares krankhaftes Gepräge trägt. Ein Hang zur Lüge, oder gar ein Verwechseln von Lüge und Wahrheit ist dagegen entschieden etwas Krankhaftes. Das gesunde Kind kann einen Fehler aus freiem Willen unterdrücken, ein psychopathisch minderwertiges aber nicht oder doch weit schwerer. Die Bildungsfähigkeit fehlt hier zwar nicht, wie Scholz*) anzunehmen scheint, allein die Behandlung ist weit schwieriger als bei normalen Kindern und verlangt einen Erzieher, der pädagogische und psychologische Durchbildung besitzt und mit Einsicht, Umsicht und Weitsicht verfahren kann. Ist diese Bedingung gegeben, so können Hand in Hand gehende Erziehung und Heilpflege vieles bessern, und nach meiner Erfahrung durchweg mehr, als die Prognose des Arztes erhoffen läfst. Solange jedoch die Kunst noch nicht erfunden ist, an Stelle des geschwächten oder geschädigten Hirns ein neues, normal funktionierendes einzusetzen, wird die Allmacht der Erziehung eine Illusion minderwertiger philosophisch-pädagogischer Anschauungen bleiben. Jedoch ein anderes ist es, aus jedem Kinde alles durch die Erziehung machen zu wollen, und ein anderes, alle von der Natur gegebenen, wenn auch noch so schwachen gesunden Kräfte und Anlagen zweckmäfsig entwickeln, sowie die fehlerhaften hemmen und auf das Zweckmäfsige richten helfen, anstatt durch

---

*) Die Charakterfehler des Kindes. S. 15.

unzweckmäfsige Behandlung das Fehler- und Krankhafte zu steigern und das Gesunde davon überwuchern zu lassen, wie es so oft geschieht. Leider hat aber die litterarisch sonst so fruchtbare Pädagogik mitsamt dem öffentlichen Erziehungswesen hier seit je schwere Versäumnisse aufzuweisen. Denn wenn die Pädagogik ein tieferes Studium aus dem Menschen auch in seinen pathologischen Verhältnissen gemacht hätte, so würden manche Fehler und Härten der Erziehung überhaupt weggefallen, manche unpassende Wahl des Lebensberufes unterblieben und damit manche psychische Existenz gerettet worden sein.*)
Begreiflich ist darum der von Lehrern und Eltern, von pädagogischen Zeitschriften wie Familienjournalen mehrfach an mich ergangene Wunsch, in einer gemeinverständlichen Abhandlung mich dieser Sorgenkinder der Familien nach Kräften anzunehmen. Ich komme der Aufforderung zwar gerne nach, da das Studium der seelischen Schwächen und Fehler wie ihre Beseitigung mir zur Lebensaufgabe geworden ist; doch da man nach der Ansicht des Philosophen nur erfährt und sieht, was man weifs, die Wissenschaft der Kinderfehler aber noch in den Windeln liegt, so mufs ich trotz achtzehnjähriger Schulpraxis, die mich mit allen möglichen Verkehrtheiten wenigstens der Erscheinung nach bekannt machte, mich dennoch sehr bescheiden und eine tiefere Ergründung typischer Formen der psychopathischen Minderwertigkeiten wie eine darauf sich gründende Therapie derselben mir für später vorbehalten. Dennoch glaube ich gewifs zu sein, dafs alle diejenigen, welchen eine solche Kindesnatur ans Herz gewachsen ist, für das Gebotene dankbar sein werden, selbst dann, wenn sie in den typischen Beispielen eigene Züge oder die ihrer Lieblinge erkennen sollten. Denn ich habe nur solche Beispiele gewählt, welche mir so zu sagen dutzendweise entgegengetreten sind.

Über die Zweckmäfsigkeit des Ausdrucks „psychopathische Minderwertigkeit", sowie über das ethische Bedenken, ihn in Erziehung und socialem Leben anzuwenden, mögen andere streiten, so freudig wir uns auch den ebenso vortrefflichen als

---

*) Vgl. v. Krafft-Ebing, Psychiatrie. I, S. 28.

gründlichen Auseinandersetzungen Strümpells*) anschliefsen und mit ihm warnen möchten, nicht das als psychopathisch minderwertig zu betrachten und zu bezeichnen, was nur ein Produkt einer verkehrten Erziehung in Haus und Schule ist und nicht von Veränderungen im Nervensystem bedingt wird, wenn es auch solche mit der Zeit hervorrufen und so pathologische Zustände erzeugen kann. Wir fassen vorwiegend solche Fehler und Regelwidrigkeiten ins Auge, welche auf dem Boden einer psycho- oder doch neuropathischen Anlage erwachsen, indem die Erziehung durch Haus, Schule, Schulwesen und Gesellschaft diese Keime wenn auch unbewufst zur Entfaltung bringt. Hierin soll gegenüber den verwandten Schriften von Strümpell, Scholz und Siegert unsere besondere Aufgabe bestehen, die sich jedoch mehrfach berührt mit der des Psychiaters in den Werken von Koch und Pelman und mit der des Kinderarztes in Baginskys „Schulhygiene".

Wir wollen darum den Fragen näher treten: wie derartige Kinder sich von den normalen unterscheiden, wo die Entstehungsursachen psychopathischer Minderwertigkeiten liegen und was für Mittel und Wege es giebt, die fehlerhaften pathologischen Zustände zu verhüten und, wo das nicht möglich ist, sie zu bessern oder, so weit es geht, zu heilen.

II. Zur Charakteristik einiger psychopathischer Minderwertigkeiten.

Kinder mit psychopathischer Veranlagung sind keine seltenen Erscheinungen. Bei vielen bleibt sie aber im Stadium der Disposition. Bei andern entwickelt sich die Anlage weiter zu einer psychopathischen Belastung, die sich wie-

---

*) Die pädagogische Pathologie oder die Lehre von den Fehlern der Kinder. Versuch einer Grundlegung für gebildete Eltern, Studierende der Pädagogik, Lehrer, sowie für Schulbehörden und Kinderärzte von Ludwig Strümpell, Professor an der Universität zu Leipzig. Zweite, bedeutend vermehrte Auflage. Leipzig 1892.

derum steigern kann zu einer psychopathischen Degeneration oder gar zu einer Psychose oder eigentlichen Geisteskrankheit. Die Dispositionen berühren sich mit der Breite der geistigen Unversehrtheit in ihren verschiedenen Graden der starken und schwachen, guten und schlechten Veranlagung, und nur ein sachverständiger Beobachter wird unterscheiden können, ob auffallende Zustände krankhafter Art sind oder nicht. Es kommt nicht selten vor, dafs Eltern, zumal wenn es sich um ein einziges oder um das erstgeborene Kind handelt, eine angeborene, geistige Anomalie gar nicht oder erst später, wenn es auf der Schule statt vorwärts rückwärts geht, erkennen.

Weiter auf die Gruppen, Arten und Stufen der psychopathischen Minderwertigkeiten im Kindesalter einzugehen und ihre Kennzeichen im einzelnen aufzuführen, geht über den Rahmen unserer heutigen Aufgabe hinaus. Wir begnügen uns mit einem Hinweise auf Kochs vortreffliches Werk.*)

Der Leser kennt übrigens jedenfalls aus eigener Anschauung viele solche eigenartige Kinder, die weder schwachsinnig noch geisteskrank sind, aber dennoch, oft schon im Säuglingsalter,**) der Pflege und später auch der Erziehung und dem

---

*) Eine Aufzählung aller denkbaren seelischen Fehler im Kindesalter nebst Versuchen zu Klassifikationen findet der Leser in Strümpells „Pädagogische Pathologie".

In gemeinverständlicher, anziehender Darstellung hat Dr. Friedrich Scholz, Direktor der Kranken- und Irrenanstalt zu Bremen, uns „Die Charakterfehler des Kindes" als „Eine Erziehungslehre für Haus und Schule" gezeichnet. (Leipzig, Eduard Heinrich Mayer, 1891.) Die Schrift ist seiner Tochter, einer jungen Mutter, gewidmet und kann allen Müttern angelegentlich empfohlen werden.

Auch das kleine Buch von Siegert, Problematische Kindesnaturen (Kreuznach u. Leipzig 1889), zeichnet eine Reihe psychopathisch minderwertiger und geisteskranker Kinder nach der Natur, wenn auch etwas übertrieben in den Behauptungen.

Die ins Geisteskranke übergehenden Formen psychopathischer Minderwertigkeit der Idiotie werden in vortrefflicher, lebendig-anschaulicher Weise geschildert in der Schrift von Paul Sollier: „Der Idiot und der Imbecille. Eine psychologische Studie." Ins Deutsche übersetzt von Dr. Paul Brie. Hamburg 1891. Leider ist aber die psychologische Beurteilung der Erscheinungen ebenso oberflächlich wie einseitig.

**) Vgl. Roemer a. a. O.

Unterricht viele Mühe und Schwierigkeiten bereiten, wenn Eltern und Erzieher auch nicht immer klar darüber sind, wo die eigentlichen Ursachen liegen. Manchem solchen Kinde stehen Haus und Schule zuletzt rat- und hilflos gegenüber; man verfällt von einem mifslungenen Versuch in einen andern, bis schliefslich die geistige und sittliche Regelwidrigkeit sich derart steigert, dafs das Schmerzenskind überhaupt nicht mehr zu einem brauchbaren Glied der menschlichen Gesellschaft, wenn auch nur der Familie, zu bilden ist, und es als Degenerierter oder als Geisteskranker geschlossenen Anstalten übergeben werden mufs. Wenn eine Statistik der nervös wie geistig und sittlich geschwächten, überreizten, interesselosen, leistungsunfähigen oder gar entarteten und zuletzt moralisch verdorbenen und verkommenen Schmerzenskinder der Familien aller Gesellschaftskreise möglich und vorhanden wäre, so würde man bald begreifen, welche Frage von weitgehendster Bedeutung das Studium der seelischen Fehler und der psychopathischen Minderwertigkeiten im Jugendalter und ihre erziehliche Behandlung ist.

Bislang hatte man nur Verständnis und Interesse für die geistig Geschwächten, die sogenannten „geistig Zurückgebliebenen", nebst den noch tieferstehenden Formen des Schwachsinns oder der Idiotie und darum hat man auch nur für solche Anstalten ins Leben gerufen. Allein diese Form der psychopathischen Minderwertigkeit ist keineswegs die einzige. Oft ist sie auch keine ursächliche, sondern nur eine sekundäre Folgeerscheinung anderer Anomalien. Letzteres ist z. B. der Fall bei der **reizbaren Schwäche**, welche man gewöhnlich bei der **angeborenen** psychopathischen Belastung findet. Um wenigstens **eine** der vielen Arten psychopathischer Minderwertigkeiten näher zu kennzeichnen, mögen die Symptome dieser in ihren verschiedenen Variationen skizziert werden.*)

Wir finden hier zunächst eine Mischung von Steigerung und Verminderung der Erregbarkeit des Nervensystems wie des Geistes.

Die Erregbarkeit ist gesteigert, das Kind darum an-

---
*) Vergl. den Abschnitt über Neurasthenia cerebralis in **Emminghaus**, Psychosen des Kindesalters. Tübingen 1887. S. 134.

scheinend viel versprechend, ein „gewecktes" Kind. Allein die Erregung läfst unverhältnismäfsig frühe nach und auf stärkere Erregungen und Anstrengungen hin ist die Erregbarkeit selbst für einige Zeit mehr oder weniger erlahmt. Die Kinder sind dann „erschöpft".

Weil die Erregbarkeit gesteigert ist, so wirken alle Eindrücke zu stark, oder aber sie erregen zu nachhaltig. Zunächst zeigt sich die krankhaft gesteigerte Erregbarkeit in den Sinnesorganen.

Selbst Augen, Ohren, Geruchs- und Geschmacksnerven werden oft derart von Eindrücken erregt, dafs sie „weh thun", wie sich ein Knabe ausdrückte, als eine Karbolflasche noch einen Meter von seiner Nase entfernt war, während ein anderer keine Miene bei denselben Reizen verziehen würde. Andersen hat das märchenhaft ausgeschmückt, indem er seine Prinzessin durch vierundsechzig Matratzen fühlen läfst, dafs sie auf Erbsen liegt, und das Sprichwort läfst solche überempfindlichen Leute „das Gras wachsen hören".

Solche Kinder weinen und jammern darum bei dem kleinsten Schmerz und haben eine Höllenangst, wenn sie z. B. geimpft, ja wenn ihnen auch nur ein Dorn aus dem Finger oder ein wackeliger fauler Zahn gezogen werden soll. Blut können sie unter keinen Umständen sehen.

Während des Unterrichts bricht ein solcher Zögling regelmäfsig mitten im Satze ab; erst mufs er die Schläge einer Zimmeruhr im anstofsenden Raume, die ein anderer selten hört, zählen; dann erst kann der Satz vollendet werden. Nebensächliche Dinge werden darum oft scharf erfafst und wichtige vollständig überhört und übersehen. Scharfe Aufmerksamkeit und wiederum völlige Zerstreutheit wechseln so naturgemäfs ab.

Krankhaft gesteigert und zugleich geschwächt ist auch das Gefühlsleben.

Ein Tadel, verletzter Ehrgeiz, ein Verlust beim Spiel verstimmen manchen mafslos, und bekannt sind die vielen Selbstmordversuche bei Kindern aus solchen Ursachen.*) Jede

---

*) Scholz widmet dem Selbstmord der Kinder ein ganzes Kapitel (a. a. O. S. 160—172) mit den einleitenden Worten: „Wer vor hundert Jahren über Selbstmord der Kinder hätte schreiben wollen, der würde desselben wohl nur als einer merkwürdigen Kuriosität gedacht haben.

Trennung rührt den einen zu Thränen, und ein anderer bekommt krampfartige Anfälle freudiger Erregung, wenn er jemand wiedersieht, der nur einige Tage abwesend war. Solche Kinder sind oder werden leicht ungesund wehleidig, weichlich rührselig und mitleidig, dumm empfindlich und launenhaft übelnehmerisch, und wiederum übertrieben reizbar und zornmütig, gewöhnlich einfältig ängstlich, schreckhaft und furchtsam. Schon als Säuglinge zeigen sie, wie Roemer darlegt, Anwandlungen von Angst, so z. B. wenn sie ins Bad getaucht werden. Wiederum aber sind sie leicht beruhigt, wenn sie sich nur an einem Finger oder einem Badetuchzipfel halten können. Furcht vor Dunkelheit, vor eingebildeten Dieben und Räubern, vor Tieren allerlei Art, vor Tadel, Strafe u. s. w. erhalten sich oft bis ins späte Alter.

Auch die **geschlechtliche Erregung** ist manchmal pathologisch gesteigert. Kleine Kinder, namentlich die des schwachen Geschlechts, masturbieren oft schon in einer unheimlichen Weise, und im späteren Alter bieten schon reizbar schwache Schulmädchen unserer nervösen Grofsstädte sich feil, während Knaben durch den Anblick einer „Schürze" oder die Lektüre einer schlüpfrigen Stelle in Aufregung geraten und Excesse verüben. Auch führt die reizbar schwache Frühreife als „unglückliche Liebe" so häufig zum Selbstmorde.

Die krankhaft gesteigerte Erregbarkeit des **Phantasielebens** läfst sie für alles Mögliche phantastisch schwärmen und ebenso schnell wieder abspringen.

Rasch und kühn, wenn auch ohne Überlegung, verknüpfen sie Vorstellungen und so erscheinen sie geistreicher und

---

Heute gehört er zu den alltäglichen Ereignissen. Denn es vergeht fast keine Woche, ohne dafs uns die Tageblätter nicht von irgendwoher die Nachricht eines von einem Kinde begangenen Selbstmordes zutrügen. Für den Kenner, namentlich aber für den Irrenarzt, hat diese betrübende Erscheinung nichts Überraschendes mehr. Denn er weifs, dafs es die ominöse Dreiheit von Nervosität, Geisteskrankheit und Selbstmord ist, die dem Krankheitsgenius unserer Tage ihren unheimlichen Stempel aufdrückt. Unsere Kinder aber stehen unter denselben Lebensverhältnissen wie wir und nehmen ihren nicht gering bemessenen Anteil an den allgemein veranlassenden Ursachen."

Desgl. **Emminghaus**, „Die psychischen Störungen im Kindesalter." Tübingen 1887. S. 155—167.

witziger als sie wirklich sind. „Warum ertrinkt die Schnecke im Wasser und warum der Stein nicht?" fragte mich jener ebenso reizbare wie geschwächte achtjährige Knabe, als er keine Schnecken ins Wasser werfen sollte. Jede Erzählung unterbricht derselbe immer wieder durch allerlei zweckmäfsige wie einfältige abschweifende Fragen. Z. B.: „Das Mädchen bekam bei der Frau Holle zuletzt Heimweh," wird erzählt. ‚Heimweh, was ist das?' fragt er. „Es weinte und wollte wieder nach Hause." ‚Ja, das versteh ich, aber was ist Heimweh?' — „Robinson litt auf seiner Insel grofsen Hunger." ‚Aber warum geht er nicht zum Bäcker und kauft sich Brot?' U. s. w.

Nicht selten macht das Lob, welches man solcher „Lebhaftigkeit und Aufgewecktheit" eines Kindes, die es schon in der Wiege zur Schau trägt, spendet, die Eltern glücklich und stolz; sie werden ermutigt, das Kind weiterhin geistig recht zu wecken und wecken zu lassen durch Necken, Liebkosen, Spielen, Fragen u. dgl., bis es infolge der Überreizung allmählich — verdummt.

Nicht minder kann das Wollen und Handeln geschwächt wie zugleich reizbar gesteigert sein. Ein Gefühl, eine Vorstellung, die bei einem Gesunden keinen Willensimpuls giebt, führt hier schon zu einer Handlung, die man mit Recht eine unbesonnene nennt. Es fehlt bei solchen Naturen eben das, was man Besinnung nennt: die Hemmung eines empfangenen Reizes im Bewufstsein. Sie gleichen einem Wagen, der bergauf und -ab zu fahren hat mit einer Bremse, die nicht intakt ist. Bei Lustgefühlen, z. B. bei dem des Könnens, ist das Wollen und Vollbringen in angsterregender Weise gesteigert. Es fehlt bergab die Bremse. Im entgegengesetzten Falle tritt ein entschiedenes Nichtwollen und, wenigstens ein angebliches, Nichtkönnen ein. Der bergauf fahrende Wagen ist gebremst und läfst sich nicht von der Stelle bringen. Launenhaftigkeit im Fühlen und Wollen, Leichtsinn im Handeln ohne schlechte Absicht, ist das Naturgemäfse.

Bis in das nächtliche Traumleben erstreckt sich diese gesteigerte Erregbarkeit. Solche Kinder träumen oft und viel unter ungewöhnlicher Aufgeregtheit. Sie wälzen sich im Bett herum, werfen Decken ab, richten sich empor, haben Muskelzuckungen, schneiden Gesichter, schreien laut auf, stöhnen und schwatzen viel. Nicht selten auch sehen sie die Träume für halbe Wirklichkeit an und lassen sie im Wachen fortwirken.

Sehr zutreffend bemerkt Koch (S. 23), dafs die reizbar schwachen, namentlich auch auf dem intellektuellen Gebiete reizbar schwachen Kinder noch mehr als die blofs reizbaren in Gefahr sind, bei einer unzweckmäfsigen Erziehungsweise schweren Schaden zu nehmen, zumal wenn anfangs nur die Reizbarkeit allein vorhanden zu sein scheint und sich mit Eigenschaften verbindet, welche die Kinder vielversprechend erscheinen lassen. Die Schwäche lauert dann nur dahinter und kommt doch noch bei der ersten besten Gelegenheit, wie z. B. bei einer Überbürdung mit unverstandenem Unterrichtsstoffe, zu Tage, nicht selten „als eine den Laien verblüffende, unheimliche Erschlaffung, als ein Herabsinken der Wunderkinder ins Gewöhnliche und unter das Mittelmafs, als volle Degeneration, ja in ausgesprochener Psychose desto früher und desto gewisser, je mehr man die Sache verkennt und die Kinder, statt sie zu schonen und in sachverständige Behandlung zu geben, noch hineinhetzt, überreizt und überheizt, die Kinder mit den schimmernden Geistesgaben, welche ihr Verderben geworden sind, weil der vorhandenen Fähigkeiten und der glitzernden Frühreife wahres Wesen nicht erkannt oder nicht zugestanden wurde."

Die Schwäche kann auch ohne gesteigerte Reizbarkeit bestehen, ja sie zeigt sich sogar am meisten mit Herabsetzung der Erregbarkeit und ist in den verschiedensten Graden vom schwachen Sinn bis zum Schwachsinn und zum Blödsinn allgemein bekannt. Sie kann vorhanden sein auf dem Gebiet der Sinnesthätigkeit, des Percipierens und Appercipierens, des Gedächtnisses, der Vorstellungsverknüpfungen und des Vorstellungsablaufes u. s. w., als Enge des Bewufstseins, als Schwäche im Gefühlsleben, als Willensschwäche, als Schwäche der Motilität und des Handelns u. s. w.

Und wiederum umgekehrt kann die gesteigerte Reizbarkeit nach den verschiedensten Seiten hin sich ohne Schwäche zeigen, wenn sie auch naturgemäfs zuletzt eine Schwächung herbeiführt. —

In gleicher Weise liefsen sich zahlreiche Gruppen von Regelwidrigkeiten im Nervensystem und Seelenleben aufzählen, die bald vereinzelt, bald vereinigt, bald in hohem, bald in geringerem Grade auftreten. Da sie aber ohne ausführliche Schilderung der Erscheinungen keinen Wert für den Leser haben, so mag diese Andeutung genügen.

Der Raum gestattet es nicht, sonst könnte ich durch mitleiderregende Charakterbilder, nach der Natur gezeichnet, jene Behauptungen des Psychiaters vom pädagogischen Standpunkte aus leicht illustrieren. Nur ein paar typisch wiederkehrende Züge der Entwicklung mögen darum genügen als Andeutung für das Eintreten der Schwäche und ihre Folgen bei den Naturen mit anfangs gesteigerter Erregbarkeit.

Im vorschulpflichtigen Alter haben solche Kinder noch Interesse für alles, ja sie hören und sehen und denken und schwatzen in altkluger Weise zu viel über alles und jedes. „Reizende Kinder" werden sie genannt. Es fehlt ihnen aber schon die Ruhe und die Beständigkeit. Jeder neue Reiz löst unmittelbar eine neue Thätigkeit aus oder regt bei passiveren Naturen neue Gedankenverbindungen, oft sehr phantastischer Art, an; sie sind dem Schmetterlinge gleich, der ruhelos von einer Blume zur andern fliegt. Ist das Kindermädchen oder die Mutter schwach, so zeigt sich um so leichter Eigensinn, der oft ein Schreien, Hinwerfen, Stampfen mit dem Fufse und ähnliche zwecklose Bewegungen auslöfst. Bald sind sie kleine, alles und jedes ungehemmt nachsprechende Papageien, bald ist die Sprachentwicklung auch sehr gehemmt. In der Schule sind sie dem fremden und Gehorsam ernstlich fordernden Lehrer gegenüber anfangs musterhaft artig und fleifsig, manchmal auch scheu und stumm; nach einer Überreizung in der Schule zu Hause oft das Gegenteil: sehr reizbar und fast nicht zu regieren, und schon in den ersten Schuljahren fangen sie an, Mütter und Geschwister zu tyrannisieren.

Nicht selten findet man bei solchen Kindern eine Motilitätsschwäche. „Trotz jahrelanger Bemühung unsrerseits ist das Kind weder zur rechten Selbständigkeit noch Schnelligkeit beim Ankleiden, beim Schulgang etc. zu bringen," klagt die Mutter. Und in der That, da lernt man körperlich anscheinend durchaus normal entwickelte Knaben und Mädchen von vierzehn Jahren und mehr kennen, welche sich noch nicht selbst an- und auskleiden können; keinen Brief zu öffnen und zu schliefsen wissen; eine angebogene Postkarte nicht abzutrennen verstehen, selbst wenn man ihnen ein Messer in die Hand giebt; keine Lampe anzuzünden und auszublasen vermögen; kein Garten- und Hausgerät handhaben können, auch wenn sie im Garten grofs geworden sind; auf dem Eise nicht zu gleiten, mit einem Schlitten nicht zu fahren verstehen u. s. w. Im Unterrichte begnügt das Kind sich damit, die Worte zu merken, vor allem die gedruckten. Es zeichnet gewöhnlich miserabel, alles unter dem „Schönheits"-Winkel der Schriftlage, es schreibt aber vielleicht gut, manchmal auch herzlich schlecht in unsauberen Heften. Die Dinge betrachtet es als Nebensache. „Man sieht, der Knabe ist für Sprache begabt, er mufs auf die Lateinschule!"

Da sind die Fortschritte dieselben. Wortwissen und Sachkenntnisse gehen immer weiter auseinander. Alles, was wie die Vokabeln und grammatischen Regeln, die Namen und Jahreszahlen in der Geschichte, das Ziffernrechnen, die religiösen Memorierstoffe u. s. w. wortmäfsig und mechanisch dem Gedächtnis eingeprägt wird, geht anfangs glatt von statten, allein es bleibt mechanisch. Ich habe bereits vier Tertianer, bezw. Quartaner kennen gelernt, die mir beim besten Willen nicht zu sagen noch zu veranschaulichen wufsten, was man sich bei $12 : 6 = 2$ denken solle. Schliefslich geht auch hier der Krug so lange zum Brunnen, bis er bricht. Ein wiederholtes Nichtversetztwerden trotz häuslicher Instruktoren mahnt die Eltern, ein anderes Bildungsasyl zu suchen, zumal wenn die nervöse Reizbarkeit und die Schwäche des Willens auch in der Schule grofse Fortschritte in Ungezogenheiten gezeitigt haben.

Nachdem Geist und Wille namentlich durch einseitigen Sprachunterricht noch mehr geschwächt oder gar geschädigt worden, wandern dann diese reizbar schwachen, gleich den allermeisten andern psychopathisch minderwertigen Knaben gewöhnlich vom Gymnasium auf die Realschule. Ein grofser Teil findet sich auch hier nicht mehr zurecht; er wird wieder abgestofsen und nun von den Eltern entweder auf eine Erziehungsanstalt mit Berechtigung oder auch auf eine sogen.

„Presse" geschickt — die letzte Rettungsstation der socialen Ehre und des Scheines einer privilegierten militärischen Berechtigung! Mit ausgeprefstem Geist, Gemüt und Willen soll nun ein Beruf gewählt und erlernt werden. Darf es uns da wundern, wenn nun auch hier wieder ein grofser Teil Schiffbruch leidet, nachdem manche der übrigen schon die Bekanntschaft mit Nervenärzten oder gar mit geschlossenen Anstalten haben machen müssen? Und hätten viele dieser nun auch social Minderwertigen nicht durch eine zweckmäfsigere Erziehung und einen angemesseneren Bildungsgang von vornherein gerettet werden können?

Wir meinen es und wollen uns darum zunächst den Entstehungsursachen und sodann der Verhütung und Behandlung solcher Minderwertigkeiten zuwenden.

III. Ursachen der psychopathischen Minderwertigkeiten.

Unter den Entstehungsursachen nervöser und psychopathischer Minderwertigkeiten pflegt die Vererbung eine grofse Rolle zu spielen, nach meiner Erfahrung vielfach eine zu grofse und in vielen Fällen zugleich eine unheilvolle, vor allem bei denen, die unter dem Banne des nordischen „Realismus" stehen, der auf der Bühne die Wirklichkeit darzustellen vorgiebt, indem er die Schattenseiten derselben, die social wie psychopathisch minderwertigen Erscheinungen, zur Norm erhebt. Namentlich spielen die erblich belasteten psychopathisch Minderwertigen bei Ibsen eine Hauptrolle. Zum Glück haben wir es hier zunächst aber nur mit „Gespenstern" zu thun, die jedoch, wie ich gelegentlich an einem stark psychopathisch belasteten reizbar schwachen 16jährigen Landsmann von Ibsen interessant beobachten konnte, um so unheimlicher zu wirken vermögen, je gröfsere psychopathische Verwandtschaft vorhanden ist. Wie ein neues Evangelium hatte der Bursche trotz seiner intellektuellen Schwäche auf verschiedenen Gebieten u. a. die „Gespenster" und „Nora" verschlungen und sah unter grofser Aufregung nun immer Gespenster, die er als seine Ideale verehrte und denen nachzuleben er sich redlich bemühte.*) Dafs Eigenschaften der Eltern auf die Kinder vererbt werden, ist eine, wenn auch noch immer unaufgeklärte, Thatsache. Selbstverständlich werden auch krankhafte Eigenschaften vererbt; allein anscheinend seltener als die gesunden; vielleicht deshalb, weil das Krankhafte den Todeskeim schon in sich trägt. Wenn die Ärzte vielfach anderer Meinung sind, so hat das wohl darin seinen Grund, dafs ihnen immer nur die Kranken und nicht die Gesunden zuströmen. Doch wufste schon Moses, dafs „die Sünden der Väter heimgesucht werden an den Kindern (jedoch nur) bis ins dritte und vierte Glied". Und in der christlichen Kirche spielt seit je das Dogma von der „Erbsünde" eine grofse Rolle. Allein vererbt werden kann das Krankhafte wie das Gesunde zunächst nur als Veranlagung. Denn würden wirklich die fertigen Eigenschaften vererbt, so müfste ja schon das neugeborene Kind ein vollendeter Mensch sein. Die Eigenschaften, wie sie sich später in dem Charakter des Erwachsenen zeigen, können sich nur allmählich entwickeln. Das wird geschehen, wenn die Anlage einen geeigneten Nährboden für die Entwicklung findet. Das Ererbte will auch hier, wie Du Bois-Reymond in einer Vorlesung einmal treffend darlegte, erworben sein, um es zu besitzen. Sind nun die Umstände ungünstig, so wird die Anlage verkümmern, im andern Falle sich in dieser oder jener Form entfalten. Wahrscheinlich ist es also, dafs, wenn beide Eltern psychopathisch irgend wie

---

*) Ein Ähnliches berichtet das mir leider erst während der Korrektur bekannt gewordene sehr beachtenswerte Schriftchen: „Wie bewahren wir unsere Kinder vor·Nervenleiden? Eine zeitgemäfse Frage beantwortet von Dr. Adolf Seeligmüller, Professor für Nervenkrankheiten an der Universität Halle a. S. 2. Aufl. Breslau 1891."

S 56 sagt der Verfasser: „Nie werde ich die Erregung vergessen, welche die Kranken meiner Heilanstalt infolge eines Journalartikels über „Vererbung" ergriff und tagelang beherrschte. Nachdem die Mehrzahl der Kranken diesen Aufsatz gelesen, hielt ein hypochondrischer Militär eine längere Rede, die in dem vernichtenden Satze gipfelte: ‚Wir sind alle erblich belastet und darum sämtlich verloren?' — Wenn für irgendwen, so gilt es für diese Deszendenten nervöser Eltern: ‚In deiner Brust sind deines Schicksals Sterne.'"

belastet sind, auch die Kinder die Anlage mit auf die Welt bekommen, d. h. es liegt die Möglichkeit vor, dafs das Kind die Eigenschaften der Eltern annehmen kann. Umstände, wie z. B. eine entgegenwirkende Erziehung, können nun dies verhindern, können es im andern Falle aber auch fördern. Letzteres wird z. B. geschehen, wenn die fehlerhaften Eigenschaften der Eltern das Kind stetig erziehlich beeinflussen, das Kind möglicherweise in den Fehlern und Schwächen der Eltern seine Ideale erblickt; aus welchem Grunde es sich denn auch empfiehlt, das Kind, sobald sich eine auffallende Belastung zeigt, wenigstens vorübergehend in andere, diese hemmende Umgebung zu versetzen.

Mir will scheinen, als wenn vieles, was man Vererbung nennt, zum grofsen Teile Anpassung an die Gewohnheiten der Eltern, Nachahmung ihrer Bewegungen und Handlungen, Anbildung durch Pflege und Erziehung ist. Insbesondere dürfte das von seelischen Eigenschaften gelten. Der Pädagoge darf darum auch in der Beurteilung fehlerhafter Erscheinungen optimistischer als der Arzt sein, und meine Erfahrung liefert mir nur die Bestätigung dafür.

Auch ist bei der Vererbung die Thatsache zu beachten, dafs, wohl aus den genannten Gründen, nicht immer dieselbe krankhafte Eigenschaft auf die Kinder übergeht, sondern nur eine Schädigung oder Schwäche überhaupt, die in der Fortentwicklung sehr variieren kann!

„Nicht immer — so sagt auch Scholz (S. 4 f.) — entwickeln sich die Anlagen, sozusagen, in gerader Linie, sondern es kommen auch Abweichungen vor. Bei den eigentlichen Nervenkrankheiten wird die Vererbung durch solche Abweichungen und Ungleichartigkeiten sogar geradezu beherrscht. Hier erscheint die Anlage in ihrer fertigen Entwicklung bald als einfache Neuralgie, bald als Epilepsie, bald als wirkliche Geisteskrankheit oder als Hang zu lasterhaften und ausschweifenden Gewohnheiten. So kommt es, dafs in belasteten Familien oft die verschiedensten Formen der Umwandlung und eine wahre Musterkarte aller möglichen Nervenleiden, als Triebe der gemeinsamen kranken Wurzel, sich vorfinden. Ähnliches scheint sich auch bei der Vererbung blofser Charaktereigenschaften zu wiederholen. Was z. B. bei dem Vater als

Stolz auftrat, erscheint bei dem Sohne alsdann wohl in der gesteigerten Form der persönlichen Überhebung, oder als Mifstrauen in die Gesinnung anderer. Vorsicht verkehrt sich mitunter in Mifstrauen und Geiz, Geiz in Härte und Grausamkeit. Oder umgekehrt bei den Kindern frommer und menschenfreundlicher Eltern zeigt sich die ererbte Anlage in den verschiedensten Formen christlicher Charity. Der eine Sohn will Prediger, der andere Arzt werden, der eine schwärmt für das Wohl der Menschheit im grofsen und ganzen, der andere liebt es, mehr dem Einzelnen nachzugehen. Die eine Schwester übt praktische Nächstenliebe, bei der andern zeigt sich die Umwandlung der ererbten Anlage als Enthusiasmus für Kunst und Wissenschaft. — Auch intellektuelle Fähigkeiten und Fertigkeiten scheinen bei ihrer Vererbung nicht selten eine Umwandlung in verwandte Formen zu erleiden. Mathematiker haben mitunter tüchtige Musiker zu Söhnen, die rhythmische, thematische und symmetrische Veranlagung des Musikers findet mitunter in der Neigung des Sohnes zur Baukunst, dieser ‚gefrorenen Musik', wie Heine sagt, ihren verwandten Ausdruck".

Wenn nun in der That vieles von dem Ererbten es auch nur zu sein scheint und in der Hauptsache Erworbenes ist, so dürfen wir jedoch wohl so viel als Thatsache behaupten, dafs eine Disposition zu psychopathischen Minderwertigkeiten dann als angeboren betrachtet werden darf, wenn bei den Vorfahren psychopathische Minderwertigkeiten, Geisteskrankheiten oder sonstige Nervenleiden bestanden, oder wenn die Eltern unter Umständen auch Vater oder Mutter allein zu der Zeit der Zeugung zwar nicht nervenkrank waren, aber durch überstandene Krankheiten, durch Entbehrungen, durch Überanstrengungen im Beruf oder im geselligen Leben, durch das Alter oder sonst auf irgend eine Weise körperlich oder geistig geschwächt und heruntergekommen waren.*)

Schwächlichkeit der gesamten Konstitution des Kindes oder auch nur des Nervensystems und damit bald die eine, bald die andere Schädlichkeit läfst sich dadurch erklären.

---

*) Folgenschwere Bedeutung haben vor allem Trunksucht und Syphilis der Eltern.

Eine Minderwertigkeit aber läfst sich nur dann bestimmt als vererbt bezeichnen, wenn sie in frühster Jugend sich zeigt und auch bei den Eltern irgend eine solche aufzuweisen ist. Zu viel Gewicht wird vielfach auch auf die „Degenerationszeichen" gelegt. Wenn ein Schädel und das davon eingeschlossene Gehirn verbildet sind, so leuchtet ein, dafs das seelische Leben, dessen materielles Organ das Gehirn ist, auch abnorm sein kann.

Allein manchem Schädel sieht man es äufserlich nicht an, was dahinter steckt, und wenn etwa ein Ohrläppchen angewachsen oder sonst ein körperliches Glied verbildet ist, so will mir nicht begreiflich erscheinen, warum deswegen die ganze Persönlichkeit psychopathisch minderwertig sein soll. Überhaupt ist die ganze Lehre von der Vererbung weit mehr danach angethan, psychopathisch reizbar schwache Eltern gruselig zu machen und pessimistisch zu stimmen, also psychische Schädigungen zu erzeugen, als bestimmte Aufschlüsse zu geben. Wichtig ist sie nur für den Arzt und den Erzieher, insofern die Schädigungen, welche die Vorfahren besessen haben, die Diagnose und die Therapie erleichtern und insbesondere Winke geben, nach welcher Richtung durch Pflege und Erziehung vorzubeugen ist.

Vielfach treten auch Schädigungen des Nervensystems vor der Geburt auf, die dem Kinde also auch angeboren, aber doch erworben sind. Ebenso entstehen solche während der Geburt, insbesondere durch Verletzungen des zarten Schädels.

Wenn nun ein Kind schon mit einer schwachen Konstitution oder gar schon mit Schädigungen des Nervensystems zur Welt kommt, so ist dasselbe weit mehr als das kräftig geborene den im späteren Leben auf dasselbe einwirkenden schädlichen Einflüssen ausgesetzt, und so kommt es denn leicht, dafs manche — wenn auch auf nervöser Grundlage — erworbenen psychopathischen Fehler als angeborene betrachtet werden.

Die Ursachen der erworbenen psychopathischen Minderwertigkeiten können sehr verschiedene sein. Bald sind es somatische, bald psychische.

Als somatische Ursachen sind zunächst zahlreiche Fälle zu nennen, wo durch Hirnentzündungen, sowie durch die bekannten Kinderkrankheiten dauernde seelische Anomalien erworben werden. Wenn nach solchen Krankheiten das Kind im Nerven- und Geistesleben auffallend verändert ist, so liegt die Ursache für jeden klar.

Wichtiger, weil sie sich zumeist verhüten lassen, sind für die Erziehung andere somatische Ursachen, wie Überanstrengungen des Körpers, Verweichlichung oder auch übertriebene Abhärtung, Entbehrungen allerlei Art, Verletzungen des Körpers, insbesondere des Schädels durch Schlag, heftige Erschütterung, Druck u. s. w., akute wie chronische Vergiftungen mit Alkohol, Mifsbrauch von anderen Reiz- und Genufsmitteln, Näschereien u. s. w.,*) und endlich physiologische Entwicklungsvorgänge und Leistungen des Körpers, wie die Pubertätsentwicklung,**) die Menstruation und die geschlechtlichen Excesse.

Unter den **psychischen Ursachen** sind zunächst die **Überanstrengungen auf intellektuellem Gebiete**, insbesondere durch den Unterricht zu nennen. Schon im Säuglingsalter will man oft die Kinder geistig wecken. Dann kommt der Kindergarten und die Kleinkinderschule mit einer Fülle von unverdaulichen Stoffen und Beschäftigungen. Dinge, die kaum im 8.—10. Lebensjahre begriffen und verdaut werden können, bietet man schon 3—5jährigen Kindern. Die gesamten „messianischen Weissagungen" fand ich in einer Kleinkinderschule schon eingeprägt. In der Schule steigert sich die Sache noch mehr. Und so selten findet man ein Verständnis für diese Frage, insbesondere für die Anforderungen, welche an psychopathisch veranlagte Kinder gestellt werden dürfen.

Hunderte von Schulreformschriften sind z. B. in den letzten Jahren erschienen; aber vergebens sucht man nach einer einzigen, welche sich unserer aus neuro- und psychopathischen Ursachen auch social gefährdeten Jugend ernstlich annimmt, soviel auch über Fehler und Härten in Unterricht und Erziehung, über unpassende Wahl des Lebensberufes, über noch unpassendere Vorbereitung für denselben und in-

---

*) Näheres u. a. bei **Seeligmüller** a. a. O. S. 24—36.
) Die Pubertätsentwicklung und das Verhältnis derselben zu den Krankheitserscheinungen der Schuljugend von Prof. **Axel Key in Stockholm. Berlin 1890.

folge dessen über die systematische Vernichtung von unzähligen geistigen und sittlichen Existenzen im allgemeinen gesagt und geklagt wird.

Gegen die geistige Überbürdung der Jugend ist allerdings seit einem halben Jahrhundert viel geredet und geschrieben worden; allein zu der Einsicht ist selten jemand gekommen, dafs der geistig und sittlich kräftige und gesunde Teil unserer gymnasialen Jugend kaum quantitativ überbürdet worden ist, wohl aber die meisten der Knaben und Mädchen, die zu der Schularbeit, die sie ohnehin schwer belastet, weil sie qualitativ vielfach ungeeignet für ihren Geist ist, nun durch Nachhülfestunden auch noch zu Hause von derselben ungeniefsbaren Kost vorgesetzt erhalten, so dafs sie ihnen vollends zum Ekel und zu einer schädigenden Last wird. Nicht die Stundenzahl überbürdet in erster Linie, sondern was den Schülern in den fraglichen Stunden geboten wird und die Art, wie man es darbietet und wie sie es aufzunehmen vermögen. Langeweile ermüdet; nicht frische, fröhliche Arbeit. Widerwille reizt, überreizt, erschöpft und vergiftet zuletzt das Wollen; nicht aber ein andauerndes lebhaftes Interesse. Zwang schafft Furcht und Zittern, Lug und Trug; freier Wille dagegen Charakterstärke und Geisteskraft.

Der Schwerpunkt der Überbürdungsfrage liegt an einer Stelle, wo er so selten gesucht wird. Er liegt in dem von Dörpfeld*) so vortrefflich gegeifselten didaktischen Materialismus, der unsern öffentlichen Erziehungsgeist beseelt und durch alle die zahllosen Prüfungen und Berechtigungen von oben her systematisch gepflegt wird: in jener oberflächlichen pädagogischen Ansicht, welche den Wissensstoff und die technische Fertigkeit als solche für seelische Kraft und geistigen Zuwachs hält und nicht begreifen will, dafs Geist und Wille nicht von dem leben, was sie essen, sondern nur von dem, was sie verdauen, und dafs darum alles, was mehr hineingestopft wird, nicht nur nicht nützt, sondern schadet.

Diese Haus, Schule, Kirche, Staat und geselliges Leben leider allzusehr beherrschende Anschauung wird dadurch noch gefahrdrohender für Geist und Nerven der nachwachsenden

---

*) Der didaktische Materialismus. 2. Aufl. Gütersloh 1886.

Generation, dafs sie sich mit dem Verbalismus associiert, der das Bibelwort: „Der Buchstabe tötet, der Geist aber ist es, der lebendig macht" in sein Gegenteil verkehrt. „Lerne nur die Worte, das Verständnis wird dir schon im späteren Leben kommen", das ist nicht blofs eine gefährliche Afterweisheit der Theologie bis auf den heutigen Tag, wir können sie in jedem Salon, in politischen Wahlreden, auf Kanzeln, in Schulstuben, in jeder Lesefibel und jedem Lese- und Lehrbuch praktisch angewendet finden. Man nehme den Stundenplan einer beliebigen Klasse, namentlich der höheren Schulen, und addiere, wie viele Zeit auf die Sprachform, auf Lesen, Schreiben, Grammatik, und wie viel auf die Bildung sachlicher Vorstellungen verwendet wird! Am meisten trägt sogar das erste Schuljahr bei, nicht blofs den Geist, sondern auch — nach des Physiologen Preyer Ansicht — das Gehirn zu verbilden: das Schreib- und Lesecentrum entwickelt sich hypertrophisch auf Kosten der übrigen Gehirnteile.

„Auf ruf reif meist maust reist rast feist saust lau laut lauf mal faul weil." —

„Die Citrone ist eine weiche, saftige Frucht. Der Chor singt einen Choral. Ich habe heute meine Censur bekommen. Die Cigarre glimmt. Der Cylinder ist rund." — „In unserm Garten ist eine Laube. Freuet euch des Lebens. Die Lerche schwebt in den Lüften und singt ein Lied dabei. Leget die Lügen ab. Die Luft ist lau. Gehorchet euren Lehrern und folget ihnen. Der Landmann bestellt den Acker. Liebet eure Feinde. Die Leinwand wird aus Flachs bereitet. Die Linde vor der Thür ist schon sehr alt."

Diese Proben sind aus einer Lesefibel, dem einzigen Lernbuche für das erste Schuljahr, entnommen. Weder die Fibel noch die Stoffe sind besonders ausgesucht worden. Man findet solche öde, heterogene Stoffe in jeder anderen amtlich konzessionierten Fibel. Man schlage das landläufigste französische oder lateinische Lehrbuch auf und man findet genau dasselbe Bild. Desgleichen, wenn man die Überschriften in den behördlich eingeführten oder gar monopolisierten Lesebüchern zusammenstellt. Fibeln, Lesebücher und sprachliche Lehrbücher, welche zusammenhängende, Geist und Gemüt nicht stumpf machende Stoffe bieten, sind bis heute meines Wissens noch in keiner öffentlichen Schule der deutschen Länder eingeführt. Es ist das amtlich nicht gestattet. Mit diesen Stoffen mufs sich nun aber das arme Schülerhirn während der meisten Unterrichtszeit und der meisten Hausarbeitsstunden tagaus tagein, jahraus jahrein schriftlich wie mündlich beschäftigen. Darf es uns da wundern, wenn der Geist dabei verkrüppelt?

Hinzu kommt noch, dafs die landläufigen Leitfäden für den Sachunterricht auch nur Knochen ohne Fleisch bieten, an welchen keiner nagen wird, der es nicht notgedrungen mufs. So führt man den Schüler überall auf dürre Heide, und ringsumher liegt schöne grüne Weide. Obendrein klagt man ihn an, dafs er zerstreut, zerfahren, unaufmerksam, stumpf und faul ist. Armer Schüler!

Dann kommt als andere Hauptursache der Überbürdung unserer zahlreichen neuro- und psychopathisch wie auch der gesunden, aber schwach beanlagten Kinder hinzu, dafs die hergebrachte Psychologie und mit ihr die landläufige Pädagogik bewufst oder unbewufst immer nur normal begabte Seelen ins Auge fafst, und dafs mit diesen auch das öffentliche Schulwesen alle Einrichtungen nur für die normalen, d. h. für die körperlich und geistig Gesunden und Kräftigen bemifst. Fängt doch erst in allerjüngster Zeit die Volksschule an, für auffallende Schwächlinge besondere Klassen zu errichten. Hat die Schule den Zweck, die Jugend für gewisse staatliche und gesellschaftliche Berechtigungen nur zu sieben, so kann man nichts wider jene Einrichtungen sagen und auch nicht klagen, wenn z. B. ein Gymnasium von 42 Sextanern nur drei bis zum Reifezeugnis bringt. Hat aber das öffentliche Schulwesen zunächst die Aufgabe, für die zweckmäfsigste Bildung jedes einzelnen Kindes zu sorgen, wie jede Familie es wünschen mufs, so wird es seiner Aufgabe nicht gerecht, wenn es so zahlreiche Kinder, welche infolge ihrer leiblichen und seelischen Veranlagung den Forderungen nicht gewachsen sind, erst mitschleppt und dann vielfach erschöpft oder gar an Leib und Seele geschädigt auf der Strecke des höheren Bildungsmarsches liegen läfst; ohne Teilnahme und heilsame Ratschläge, ohne hinreichende Vorsichtsmafsregeln zur Verhütung der Schwächung und Entartung.

Wie dem abzuhelfen ist, insbesondere auch, wie die Familie, welche im Grunde alles Leid und die gröfste Last tragen mufs, wenn die Kinder in der öffentlichen Schule mifsraten, gegenüber der die Schule zu sehr beherrschenden Büreaukratie und Scholarchie ihre berechtigten Ansprüche sollte geltend machen können, das zu untersuchen kann hier nicht unsere Aufgabe sein. Ich mufs darum verweisen auf meine besonderen Abhandlungen über diese Frage.*)
Was so zahlreiche nervöse und psychopathisch belastete Kinder dazu zwingt, sich so abhetzen zu lassen, ist die Sorge um den Berechtigungsschein zum einjährig-freiwilligen Militärdienst, den sie bei vernünftigerer Ausbildung in vielen Fällen ohne Frage schneller und sicherer erreichen würden.

Der einjährig-freiwillige Dienst gilt als ein Privilegium der materiell Begüterten unserer Nation. Von unserm Standpunkte aus betrachtet, ist er oft eher das Gegenteil: der Anfang für geistige, sittliche und oft auch körperliche Entartung der Berechtigten und für Kummer und Sorge der Familie um ihr entartetes Glied. Unsere Aufgabe ist hier nicht, die politische und sociale Seite dieser Frage zu erörtern.**) Ich will hier nur vom pädagogisch-pathologischen Standpunkte mit Nachdruck darauf hinweisen, dafs an Stelle der Erpressung des Berechtigungsscheines eine Erziehung Platz greifen könnte, welche psychopathische Minderwertigkeiten verhütet und bessert und die weniger begabten Knaben mit einer geistig, sittlich und social gesunderen Bildung für das Leben ausrüstet. Mag doch das Militärwesen selber alljährlich im Heere Prüfungen abhalten und die, welche sie bestehen, mit einem Jahre entlassen; das Erziehungswesen in erster Linie zu einer Vorbereitungsanstalt für militärische Berechtigung zuspitzen, schädigt den geistigen, sittlichen und wirtschaftlichen Wert des heranwachsenden Geschlechts, sowie auch die Wehrkraft, und nur mit Bedauern erfüllt es den Pädagogen zu sehen, wie dieses Berechtigungswesen unsere so hochangesehenen deutschen

---

*) Das Verhältnis der Schule zum socialen Leben. Gütersloh 1890. Die Familienrechte an der öffentlichen Erziehung. 2. Aufl. Langensalza 1892.

**) Einiges findet sich darüber in meiner Abhandlung: „Die Schule und die wirtschaftlich-sociale Frage." Gütersloh 1890.

Erziehungs-Anstalten allmählich zu einseitigen Bildungs-„Pressen" herabmindert, ganz gegen den Willen ihrer Leiter und Lehrer. — Doch nicht blofs die geistige Überfütterung mit unverdaulichen Stoffen schafft psychopathische Minderwertigkeiten, auch die geistigen Entbehrungen tragen ihr Teil dazu bei. Dafs der Mangel an jedem Geistesleben in den ärmeren Familien, namentlich der Landbevölkerung und der vagabondierenden städtischen Proletarier, zahllose Minderwertigkeiten in Form von Schwachsinn — ich erinnere an die hohen Prozentsätze der Analphabeten bei der Rekrutenaushebung in den östlichen Provinzen — und von moralischer Entartung zeitigt, weifs ein jeder. Dafs aber unsere überbürdete „höhere" Jugend durch geistige Entbehrungen ebenfalls geschädigt wird an Geist und Gemüt, ist nicht so handgreiflich. Dennoch aber ist es eine Thatsache, die oben bereits ausgesprochen wurde. Sie wird überbürdet mit Wortwissen und mit Wissen über Worte mit nicht oder falsch verstandenem, zusammenhangslosem und darum armem, ermüdendem und interesselosem Inhalte, während das auf lebendiger Anschauung beruhende und in kausalem Zusammenhange stehende Wissen von Sachen und Thatsachen derart zurücktritt, dafs geistige Interessen dabei absterben oder aufserhalb der Schule in zügellosem Drange nach krankhafter Befriedigung streben.

Noch schädlicher wirken Überanstrengungen wie Entbehrungen im Gemüts- und Willensleben, zumal wenn sie sich mit intellektuellen associieren. Andauernde Angst und Sorge, stetige Furcht vor Strafe, Aufstachelung des Ehrgeizes; überhaupt Erregung der Affekte, Triebe und Leidenschaften, ein übermäfsiges und einseitig genährtes Phantasieleben durch verkehrte Erholungen, unzweckmäfsige Lektüre und unrichtige Einwirkung von Seelsorgern und Ärzten, sowie auch das Gegenteil, die Vernachlässigung der Gemüts- und Charakterpflege, verursachen seelische Fehler und nicht selten krankhafte Zustände. Manche bedenkliche und gefährliche psychopathische Minderwertigkeiten sind hier durch „Verprügelung" und dort durch „Verhätschelung" zur Entwicklung gekommen.

Je mehr derartige schädigenden Einflüsse bei einem Individuum sich nun geltend machen und häufen, desto stärker ist die Wirkung. Die Gefährlichkeit intellektueller Überanstrengungen für sich allein wird z. B. vielfach überschätzt. Manche Geisteskrankheit, die daraus hervorgegangen sein soll, hatte ihre Ursachen noch in vielen andern Dingen, wie z. B. in der angeborenen Schwäche des Geistes oder in einer anderen angeborenen oder erworbenen psychopathischen Minderwertigkeit und allen jenen oben erwähnten Schädlichkeiten für Leib und Seele.

Die harten Vorwürfe, welche von ärztlicher Seite der Schule gemacht werden, sind darum in ihrer Allgemeinheit nicht berechtigt.

Wenn von Ärzten die Schulverhältnisse vielfach heftig angeklagt und neben vielen andern Kinderkrankheiten auch die Nervosität und andere neuro- und psychopathishe Zustände direkt als „Schulkrankheiten" bezeichnet werden, so ist zunächst zu bemerken, dafs es hier manchen Ärzten ähnlich ergeht, wie den Schulmännern, welche als „Naturheilkundige" über die Folgen der Medizin reden. Wenn auch ein Übel richtig erkannt wird, so weifs man, wenn man auf dem Gebiete nicht zu Hause ist, doch die eigentlichen Ursachen nicht aufzudecken, und so fährt man dann daneben und bringt ein Gemisch von Wahrem und Falschem zu Tage, auch empfiehlt man Mittel, die in fachmännischen Kreisen durch zweckmäfsigere weit überholt worden sind. Doch möchte ich keineswegs tadeln, dafs die Ärzte sich mit Schulfragen beschäftigen. Im Gegenteil wäre zu wünschen, dafs auch noch andere Berufskreise sich mehr an der Debatte der Erziehungsfragen beteiligen.

Die Fortschritte gehen auf allen Gebieten nicht blofs aus den Forschungen der Fachmänner hervor, sondern ebensosehr aus den Anregungen der Laien. Und wohl dem Fachmanne, der von Laien etwas zu lernen versteht! Vor dem „Pfaffentum", das in der Pädagogik und der Medizin in demselben Mafse wie in der Theologie zu finden ist, wird er dann bewahrt bleiben. Die Klagen und Wünsche der Ärzte fordern uns darum doppelt zur Vorsicht auf.

Wohl die gelesenste und in vielen Auflagen verbreitete ärztliche Anklageschrift ist die von dem Bonner Professor Dr. Karl Pelman: „Nervosität und Erziehung". In der

Kritik bestehender Mißstände findet er in vielen Stücken unsern vollen Beifall; allein gar oft gerät er in Schulfragen ins Dunkle und Ungewisse und greift vor Verlegenheit u. a. zu Rezepten des grofsen Pädagogen — Napoleon I. Doch da diese Schrift neben mehreren anderen schon vortrefflich von Ufer*) beurteilt wurde, so begnügen wir uns mit einem empfehlenden Hinweise darauf.

Eine gröfsere Vertrautheit mit den wirklichen Schulverhältnissen zeigt Dr. Adolf Baginsky, Professor an der Universität Berlin und Direktor des Kaiserin Friedrich Kinderkrankenhauses daselbst, alle in Betracht kommenden Fragen in seiner umfangreichen „Schulhygiene".**)

Wir möchten hiermit auf diese Schriften die Rat Suchenden blofs verweisen. Denn uns interessieren hier vor allem nur die Klagen, dafs die Schule durch Überanstrengung psychopathische Minderwertigkeiten und Psychosen verursache, wie neben Pelman vor allem der Medizinalrat Dr. Hasse behauptet. Derselbe berichtet u. a. in einem Vortrage: „Über den Einflufs der Überbürdung unserer Jugend auf den Gymnasien und höheren Töchterschulen mit Arbeit auf die Entstehung von Geistesstörungen," gehalten auf der Jahresversammlung der deutschen Irrenärzte zu Eisenach am 3. und 4. August 1880, dafs er in 1½ Jahren sieben Fälle behandelt habe.

Bei allen Patienten wiederholten sich eine Reihe Symptome derselben Natur. Unter diesen in erster Linie Kopfschmerz, daneben das Gefühl von Öde und Leere im Kopf, Taumel, Schwindel und grofse Unbesinnlichkeit. Im Gemütsleben Übellaunigkeit und hochgradige Reizbarkeit. Im Körperlichen finden sich: verstärkte Herzaktion, kleiner harter Puls, heifser Kopf, kühle Extremität, weite Pupillen, retardierte Verdauung, in drei Fällen Erregung im Geschlechtsleben und Befriedigung derselben durch Onanie. Fünf Patienten waren sehr kurzsichtig.

Die Lehrer sagen nun u. a., dafs die Lehrziele bei normaler Begabung zu erreichen seien. Hasse aber fragt:

---

*) Ufer, Nervosität und Mädchenerziehung. Wiesbaden 1890.

**) Ein kurzes Kapitel über „Schulhygiene" bringt auch Professor Gärtner-Jena in seinem Leitfaden der Hygiene. Jena 1892.

„Was ist denn normale Begabung? Zum Begriff im allgemeinen gehören drei Konstituenten, welche gleichmäfsig, oder ich will lieber sagen, in harmonischem Gleichgewicht vorhanden sein müssen, um den Begriff der normalen Begabung festzustellen. Diese drei Konstituenten sind: das Reproduktions-, das Produktions- und das Auffassungsvermögen.

„Befinden sich diese drei geistigen Thätigkeiten gleichmäfsig entwickelt, so spricht man von einer normalen Veranlagung, von einer normalen Begabung. Innerhalb dieses Rahmens giebt es nur den Unterschied einer vorzüglichen, einer guten und einer mittelmäfsigen, unter dem Niveau stehenden Begabung.

„Unter normaler Begabung verstehen aber die Lehrer wenigstens eine gute Begabung. Die fehlt aber der Mehrzahl unserer Jugend. Ist sie nicht schlecht, vielleicht sogar gut, so ist sie doch einseitig veranlagt. Sie gravitiert, während die andere oder die anderen mehr oder weniger verkümmert sind.

„Mit der Bezeichnung „normaler Begabung" sollte man recht vorsichtig sein. Sie ist in heutiger Zeit eine seltene Erscheinung, viel seltener, als man dies anzunehmen geneigt ist."

„Aber es ist nicht dieser Defekt allein, welcher die Schulung und Heranbildung unserer Jugend für die nötig erachtete Leistung *in literis* auf den Schulen so sehr erschwert. Es giebt noch anderes, das ebenso schwer wiegt und ebenso grofse Gefahren in sich birgt. Das ist der Mangel an geistiger Frische, Energie und Elasticität, der Mangel an Widerstandsfähigkeit gegen gröfsere Anforderungen und der Mangel an Ausdauer in der Arbeit."

Auch dieser Mangel ist für Hasse ein psychischer Defekt, ebenfalls ein Vermächtnis der Zeit, der Zeitverhältnisse und der von diesen gebildeten Persönlichkeiten, ein Erbstück, übertragen von nervösen und geisteskranken Eltern auf ihre Kinder.

Unsere bisherigen Darlegungen werden genügen, um behaupten zu können, dafs die Schule durchaus nicht die Schuld trägt, die jene ihr für gewöhnlich in dieser Frage zumessen, und auch Hasse mufs das hinterdrein zugestehen. Wenn viele

Kinder nicht so mit psychopathischen Minderwertigkeiten geboren würden, wenn die Mifsgriffe in der Familie nicht vorkämen, wenn das ganze sociale Leben nicht so nerven- und geisterregend und schädigend wirkte, so würden die Klagen gegen die Schule weniger laut erklingen, so viel hier auch noch zu bessern sein mag.

Hinzu kommt noch, dafs alle jene Umstände auch ihre Wirkungen auf die Lehrer ausüben. Der didaktische Materialismus und der Verbalismus ist nicht ihre Schuld allein; er liegt in der auch sie umgebenden socialen Luft. Nach den Leistungen im Wortwissen in den Prüfungen beurteilen Behörden wie Eltern die Arbeit der Lehrer und die Leistungen der einzelnen Schulen. Die Eltern schicken schon das sechsjährige Kind in die Schule, welche den scheinbar gröfsten Wissensstoff aufzuhäufen versteht, gleichviel ob das Kind ihn verdauen kann oder nicht. Sonst würden sie manches Kind mit sechs Jahren überhaupt noch nicht in eine Schule schicken, die nach landläufigen Lehrplänen arbeitet, sondern getrost bis zum siebenten Lebensjahre warten. Andere wiederum würden dann die Volksschule der Vorschule vorziehen, weil jene Forderungen stellt, die ein gesundes sechsjähriges Kind erfüllen kann, ohne dabei psychopathisch minderwertig zu werden, diese aber entschieden zu viel verlangt, wenn das Kind im ersten Schuljahre den Zahlenraum bis hundert beherrschen, fliefsend lesen und orthographisch richtig schreiben lernen soll. Auf alle Fälle könnte Nützlicheres und mehr Geist und Gemüt Bildendes betrieben werden.

Wie in solchen Vorschulen für Kinder „besserer Stände" die Frühkulturen getrieben werden, darüber nur ein Beispiel. In dem Censurheft eines $7\frac{1}{2}$jährigen Knaben aus dem Jahre 1882 wurde nach $1\frac{1}{4}$jährigem Schulbesuch wörtlich niedergeschrieben: „N. N. ist im Lateinischen etwas zurückgeblieben, wird aber während der Ferien das Versäumte leicht einholen. Sein Betragen ist trotz sehr grofser Munterkeit doch im ganzen gut, seine Aufgaben aber mufs er besser schreiben und seine Wörter pünktlicher lernen." Und $\frac{1}{4}$ Jahr später: „N. N. machte in allen Lehrgegenständen befriedigende Fortschritte, besonders waren seine lateinischen schriftlichen Aufgaben immer recht gut gearbeitet. Nur in der Geographie wird es ihm schwer, sich in dem Atlas zu orientieren; sein Betragen war bei aller Munterkeit recht gut — von herzgewinnender Liebenswürdigkeit!"

Einige Jahre ging es weiter „im ganzen gut"; war er doch für's Gymnasium ganz besonders vorbereitet! Allmählich traten jedoch auffallende Erscheinungen auf. Sogar eine wenn auch leichtere Form der Epilepsie stellte sich ein. Schliefslich mufste er von der Quarta an die bekannte Wanderschaft antreten auf „tiefer stehende" Anstalten. Mit 15 Jahren taxierte er die Höhe meines Zimmers auf 20 m. Unsere Mafse und Gewichte waren ihm zwar dem Namen nach geläufig, aber in der That böhmische Dörfer. Latein übersetzte er gern; sonst waren aber keine geistigen Interessen wach. Das Linnésche System war ihm geläufig; unter den Bäumen und Sträuchern meines Gartens war ihm aber keiner bekannt; schliefslich dämmerte ihm auf, dafs ein Strauch wohl *Sambucus nigra* heifsen könne. Sich „in dem Atlas zu orientieren", wurde ihm auch jetzt noch schwer. Er war in dem Aufsuchen der Haupthimmelsgegenden nicht sicher, wufste sich in der Umgegend, wo er bereits ein Jahr geweilt hatte, nicht zurecht zu finden. Von Richtungen und Entfernungen in gröfserem Umfange hatte er keine Ahnung, ebensowenig von der Gröfse irgend eines Landes, ja nur einer kleinen Ackerfläche.

Das Ende mag der Leser sich selbst ausdenken. Treibhauspflanzen darf man eben nicht in freie Luft stellen.

Andere Mitschüler mit widerstandsfähigerer Konstitution des Gehirns haben dieses Treiben ja scheinbar ertragen, und doch wohl nur scheinbar.

Die Gefahr besonderer Vorschulen besteht vor allem darin, dafs dieselben nicht fragen, was dem Kinde frommt, sondern was der gymnasiale Unterricht von der Vorbereitung fordert. Weil der aber in erster Linie sprachlich-grammatikalische Schulung verlangt, diese aber für ein zartes Hirn gefährlich werden kann, so werden verständige Eltern ein Kind lieber nicht schon so früh aufs Gymnasium schicken, zumal wenn sie merken, dafs der Sinn für Natur und Leben bereits ersterben will, seelische Fähigkeiten und Interessen also schon zu kränkeln anfangen. Sie werden eine Schule vorziehen, welche nicht zuoberst nach den Wünschen des Gymnasiums, sondern nach dem Heile des Kindes fragt. **Für die Gesunderhaltung des Geistes und Gemütes ist vor allem notwendig, dafs die Unterrichtsstoffe nicht einseitig, sondern qualitativ vollständig sind, damit alle geistig-sittlichen Interessen gleichmäfsig genährt werden; dafs ferner die Stoffmassen der Lehrpläne nicht so heterogen neben- und nacheinander auftreten, sondern in einen einheitlichen Kausalzusammenhang gebracht werden.** „Alles mufs ineinander greifen, eins durch andere gedeihen und reifen." Wie das geschehen kann, habe ich in dem jüngst erschienenen „Tagebuch für Unterricht und Erziehung" nebst „Begleitwort" (Gütersloh 1893) gezeigt. Der neueren Didaktik sind diese unsere Forderungen längst eigen, der landläufigen Schulpraxis und der offiziellen Pädagogik aber leider noch sehr fremd. Von unserm pädagogischen Standpunkte aus hat schon Ufer*) die Bedeutung dieser Konzentrationsfrage für die „Erhaltung der Nervenkraft" bereits hinreichend gewürdigt und ich teile seine Ansicht voll und ganz.

Auch für das praktische Leben, — so meinen wir mit Ufer — für den die Nervenkraft so stark in Anspruch nehmenden Kampf ums Dasein, ist der organische Gedankenkreis das beste Rüstzeug, denn auf ihm beruht zum grofsen Teile das, was man Anstelligkeit der Köpfe nennt. Ein wohlgeordneter und in sich gefestigter Gedankenkreis ist in viel geringerem Grade als sein Gegenteil der Häufigkeit heftiger Gemütserschütterungen ausgesetzt, welche nach dem Urteil der Ärzte und der allgemeinen Erfahrung zu den wirksamsten Ursachen aller möglichen Nervenkrankheiten gehören.

Überdies erspart man durch zweckmäfsige und einheitliche Verbindung der Unterrichtsfächer und -Stoffe Zeit und Kraft im Unterricht. Man schlägt so oft zwei Fliegen mit einer Klappe.

„Man hat die Erziehung — so lehrt der Philosoph und Pädagoge Herbart — nur dann in seiner Gewalt, wenn man einen grofsen und in allen seinen Teilen innig verknüpften Gedankenkreis in die jugendliche Seele zu bringen weifs, der

---

*) Nervosität und Mädchenerziehung, Kap. VI. Nervosität und Einheit des Unterrichts, S. 50—71.

das Ungünstige der Umgebung zu überwiegen, das Günstige derselben in sich aufzulösen und mit sich zu vereinigen die Kraft besitzt."*)

Um geistige wie körperliche Schwächen und Schäden zu verhüten, ist ferner notwendig, dafs man die **Buchstaben** etwas mehr zurück-und die Sachen und Thatsachen mehr in den Vordergrund treten läfst. Auch liefse sich im Sprachunterricht manches vereinfachen. Unsere Schüler müssen sich von klein auf mit acht Alphabeten plagen. Die Hälfte könnte davon sehr wohl entbehrt werden. Opfern wir also unsere sogen. „deutsche" Schreib- und Druckschrift trotz der Liebhaberei unseres hochverehrten Bismarck! Unsere Jugend wird weniger kurzsichtig werden und weniger Skoliose sich erwerben, sowie auch ihre Nervenkraft nützlicher verwenden können.

Sodann fort mit der gezwungenen Körper- und Federhaltung beim Schreiben durch Beseitigung der Schrägschrift!**)

Dafs die höhere Schule die Schwachen grundsätzlich oder gewohnheitsmäfsig vernachlässigt, ersieht man auch daraus, dafs sie so viele körperlich Schwächliche von den beiden wöchentlichen Turnstunden dispensiert, während gerade ihnen tägliche Turnübungen sehr heilsam wären. Nicht die Starken, sondern die körperlich Schwächlichen bedürfen der meisten Leibesübungen! Dasselbe gilt vom Zeichnen und Singen.

Doch der Schüler leidet nicht blofs an eigener Überbürdung. Auch die des **Lehrers** schädigt ihn.

Wenn aber die Lehrer, namentlich die an Volksschulen, durch ihre Berufsarbeit **überangestrengt** und an Geist

---

*) Unter den Hauptschriften, welche in diesem Sinne eine Einheit und innere Harmonie des Unterrichts in bahnbrechendem Sinne angestrebt haben, sind zu nennen: Ziller, Grundlegung zur Lehre vom erziehenden Unterricht, Leipzig 1865; Dörpfeld, Grundlinien zur Theorie eines Lehrplanes, Gütersloh 1873; Rein, Pickel und Scheller, Die acht Schuljahre, welche seit 1878 in mehreren Auflagen erschienen sind.

**) Näheres werden wir später in einem besonderen Artikel über diese Frage bringen: Die Schrift und der Schreibunterricht, von K. Brauckmann, erster Lehrer an unserer Erziehungsanstalt. Der Aufsatz wird neben andern aus der Praxis stammenden Arbeiten im Laufe des Sommers in demselben Verlage erscheinen unter dem Titel: „Aus der Erziehungspraxis unserer Anstalt."

und Gemüt und damit auch in ihrer Leistungsfähigkeit geschädigt werden, so ist das ebenfalls nicht zu oberst ihre Schuld. Die intellektuelle Arbeit in den Schulstunden überbürdet den Lehrer wohl selten. Sein ausgewachsenes Gehirn erträgt mehr als das des Schülers. Allein es kommen bei ihm noch geistige und namentlich aufreibende gemütliche Anstrengungen hinzu, denen der Schüler nicht ausgesetzt ist. Und mufs er sich vollends mit Nahrungssorgen quälen oder steht er auch unter dem Zwange des geselligen Lebens mit seinen „Erholungen" in dumpfen Räumen, so kann er seine Arbeit nicht mit Freudigkeit verrichten, und die am meisten darunter leiden müssen, das sind wieder die psychopathisch minderwertigen Schüler.

Auch hierin wäre manches zu bessern!

Allgemein verbreitet ist ferner die Klage und selbst der vormalige preufsische Kultusminister von Gofsler stimmte ein, dafs die Lehrer höherer Schulen in erster Linie Gelehrte und **nicht genug Lehrer und Erzieher** sind. Aber das ist ebenfalls ihre Schuld nicht. Es gab bisher keine beruflichen Bildungsanstalten für sie; die Universität bildete nur Gelehrte, keine Lehrer und Erzieher. Seminare für Lehrer höherer Schulen sind erst seit einigen Jahren im Werden, und an den Universitäten wurde mit Ausnahme von Leipzig und Jena bisher von einem Philosophen oder einem Theologen nur so ganz gelegentlich auch einmal ein Kolleg über Pädagogik gelesen. So kam der Lehrer ohne Verständnis für die Erziehung normaler Kinder ins Amt; wie kann man da von ihm verlangen, dafs er Verständnis und Interesse für pathologische Erscheinungen besitze? Darf es uns da wundern, wenn ein Gymnasium jahrelang einen Zögling mitschleppt und ihn für geistig gesund hält, den unsere Anstalt für psychopathisch belastete Kinder wegen Paranoia unmöglich aufnehmen konnte, sondern ihn erst monatelang im Irrenhause behandeln lassen mufste? Mit Recht klagt zwar der Vater eines andern Zöglings, bei dem die einseitige geistige Überanstrengung in einer Vorschule schon im zweiten Schuljahre neben Interesselosigkeit bedenkliche Willensstörungen verursacht hatte: „Wer nicht taktlos genug ist, uns offen zu tadeln, dafs wir unser Kind der Schule entnommen haben, der läfst wenigstens deutlich merken, dafs

er anders darüber denkt als wir . . . Sie sehen, wie schwer es Eltern gemacht wird, für ihre Kinder richtig zu sorgen. . .
O, in welch weiter Ferne liegt noch die Reform des Unterrichts! Eins schickt sich nicht für alle, sagt wohl jeder gläubig nach, aber dafs alle dasselbe lernen müssen und lernen können, wird nichtsdestoweniger vorausgesetzt." Doch die Klage trifft weit mehr „die Vorurteile der Gesellschaft" und die uniforme Organisation des Schulwesens als die einzelnen Lehrer, so sonnenklar auch der Verlauf der krankhaften Erscheinungen darthut, dafs Unterricht und Erziehung wenigstens die Gelegenheitsursache waren; denn schon nach einer halbjährlichen zweckmäfsigen Behandlung bekennt der Vater: „Ich mufs offen gestehen, dafs ich einen solchen Erfolg nicht für möglich gehalten hatte."

Auch bei Ärzten findet man ebenfalls nicht immer ein klares Verständnis für derartige Zustände. Hier fällt z. B. so manches in die Sammelurne „Schwachsinn", wo ursächlich ganz andere Anomalien vorherrschen.

Aus den angegebenen Gründen finde ich es darum ganz natürlich, wenn Lehrer und Angehörige psychopathische Minderwertigkeiten wie in dem letztgenannten oder gar Psychosen wie in dem erstgenannten Falle nicht als solche zu erkennen vermögen und darum „schwache Begabung", „Trägheit", „Faulheit" und „Ungezogenheit" nennen, was in Wirklichkeit ein vom freien Willen unabhängiger krankhafter, aber durchaus nicht immer intellektuell schwach befähigter Zustand des Nervensystems und des Geistes ist. An Stelle des Mitleids und der Teilnahme mit solchen problematischen Naturen tritt dann naturgemäfs nicht selten eine harte, ungerechte Behandlung, welche die Entwicklungshemmung nur noch steigert und obendrein das Kind scheu, hinterlistig, verschlagen und verlogen macht, also neben der intellektuellen Minderwertigkeit auch eine solche des Gemüts und Charakters schafft.

Zur Prophylaxe der Neurosen und Psychosen im Kindes- und Jugendalter gehört aus diesen Gründen vor allem auch eine bessere Pflege der Pädagogik an den Universitäten und an den höheren Schulen, wo man vielfach noch dem albernen Aberglauben begegnet, dafs didaktisches und erzieherisches Geschick nicht erlernt werden kann,

sondern angeboren sein mufs. Der verstorbene geniale Direktor der Franckeschen Stiftungen in Halle, Dr. O. Frick, suchte viel zu bessern, indem er durch Wort und That lehrte: „Die Volksschule ist die hohe Schule für die höhere Schule" und die Volksschulpädagogik auf die höheren Schulen anzuwenden suchte.*)
Hätte hier nur erst mehr Verständnis und Interesse für die Erziehung normaler Kinder Platz gegriffen, so würde ein solches für abnorme schon folgen. Von welcher Bedeutung das werden könnte, erkannten wir vorhin schon mit Krafft-Ebing. In demselben eindringlichen Sinne mahnt auch Koch im Vorwort (S. VIII) seiner „Minderwertigkeiten": „Erzieher und Lehrer könnten Hand in Hand mit verständigen Geistlichen in manche Familie Segen hineintragen, so manches Leiden lindern, namentlich aber so manches Übel verhüten, wenn sie mit den psychopathischen Minderwertigkeiten entsprechend vertraut wären. Sie würden manches Kindes scheinbare Unart und Faulheit oder auch blofse Mühseligkeit und Sonderbarkeit oder auch glänzende Begabung und vielversprechende „Genialität" anders als nach der hergebrachten Schablone beurteilen und anfassen, würden z. B. dem Phantasieleben eines Zöglings, so schimmernde Blüten es hervorbringen möchte, Zügel anlegen und dagegen den Willen des jungen Menschen kräftigen, würden eines anderen Eifer zurückhalten und abdämpfen und eitle Eltern belehren, damit nicht kurzen Freuden ein jähes Ende bereitet werde." Und (S. 50): „Manche belastete Kinder wären nicht so schlimm, wie sie sind, wenn man sie besser verstanden, wenn man sie nicht ganz falsch behandelt, wenn man sie nicht vollends böse gemacht hätte. Es giebt namentlich Kinder (und junge Leute), die im Grunde ihres Herzens gut und in ihrem Gemüt weich sind, aber störrisch und böse werden, wenn man ihren Eigenheiten und scheinbaren Unarten schroff und hart entgegentritt. Sie verschliefsen dann trotzig in sich, was sie entlasten oder entschuldigen könnte,

---

*) Die Einheit der Schule. Frankfurt a. M. 1884.
Das Seminarum praeceptorum an den Franckeschen Stiftungen zu Halle. Ein Beitrag zur Lösung der Lehrerbildungsfrage. Halle a. S. 1883.
Lehrproben und Lehrgänge aus der Praxis der Gymnasien und Realschulen. IX Jahrgänge. Halle a. S. 1884—1893.

und werden nun von den oft selbst psychopathisch beeinflufsten Eltern weiterhin nur um so unrichtiger angefafst und behandelt oder auch wehthuend ganz auf die Seite gesetzt und aufgegeben."

Die Pädagogik, von Comenius an bis in die neuste Zeit, hat aber leider selten ein tieferes Verständnis für die Fehler der Kinder, soweit sie pathologischer Natur sind, bekundet; am wenigsten die liberalistische, welche aus Abneigung gegen das kirchliche Dogma der Erbsünde, von Darwin „Vererbung" genannt, bis zum heutigen Tage den Rousseauschen Satz zum Gegendogma erhoben hat: „Alles ist gut, wie es aus den Händen des Schöpfers hervorgeht; alles entartet unter den Händen der Menschen;" mit andern Worten: angeborene, vererbte, in der Natur des Menschen liegende Fehler giebt es eigentlich nicht; alle Fehler sind durch Umgang und Erziehung erworben, wie der Philanthrop Salzmann es so trefflich in seinem im übrigen noch immer sehr lesenswerten „Krebsbüchlein" zu illustrieren sucht. Andere wiederum schieben alles auf die „schwache" Veranlagung. Dabei wälzt dann im einzelnen Falle die Schule die Schuld auf das Elternhaus und das Elternhaus auf die Schule, bis dann bei dieser Uneinigkeit der Erziehung das psychopathisch veranlagte Kind vollends entartet.

Erst die neuere, von Herbart ausgehende Reformbewegung hat auch hierin eine andere Betrachtungsweise eingeleitet. So Ziller in seiner „Grundlegung zur Lehre vom erziehenden Unterricht" (1863), und vor allem der hochbetagte Professor Ludwig Strümpell in Leipzig in seiner zuerst 1889 erschienenen bahnbrechenden Schrift: „Pädagogische Pathologie oder die Lehre von den Fehlern der Kinder."*) Seitdem sind zwar noch mehrere

---

*) Unter Berücksichtigung der Pädag. Pathologie von Strümpell ist jüngst in gründlichster Weise die pädagogische Litteratur unseres Jahrhunderts durchsucht worden, um festzustellen, welche pädagogischen Kinderfehler von den betreffenden Schriftstellern genannt und beachtet sind, was über die Natur und Eigenartigkeit und was über die Veranlassungen und Ursachen derselben gesagt wird. Das Resultat liegt vor in der Schrift von Közle: Die pädagogische Pathologie in der Erziehungskunde des 19. Jahrhunderts. Gütersloh 1893.

kleinere Beiträge, zumeist durch Strümpell und Koch angeregt, erschienen.*) Allein weder unser öffentliches Erziehungswesen noch die Familie als Haupterziehungsanstalt sind bis heute irgendwie merklich davon beeinflufst worden.

Reformbewegungen gewinnen überhaupt so schwer Einflufs auf das öffentliche Erziehungswesen, weil dasselbe büreaukratisch regiert wird, während im gesamten übrigen socialen Leben das Princip der Selbstverwaltung sich geltend machen kann: durch das Parlament in der Politik, durch die Synoden in der Kirche, durch Gemeinderäte in der Kommune u. s. w. Nur das Schulregiment kennt eine derartige Mitwirkung ihrer Interessenten, zu oberst der Familie, nicht.**)

Jene Urteile von Seelen- und Nervenärzten liefsen sich leicht vermehren. Mir genügen aber diese Aussprüche, um darzuthun, dafs meine Meinung über die Verkehrtheiten und Sünden in der Pflege und Erziehung fehlerhaft veranlagter Kinder von denen durchaus geteilt wird, die sich mit dem Endresultat derselben berufsmäfsig zu beschäftigen haben. Trotzdem möchte ich aber auf das Nachdrücklichste betonen, dafs das, was in dieser Schrift über den öffentlichen Unterricht und die Organisation des Bildungswesens gesagt ist, nur im Hinblick auf unsere problematischen Kindesnaturen bemerkt sein soll. Inwieweit das Gesagte auch für die Erziehung der normalen Kinder gilt, lassen wir hier ununtersucht, zumal ich mich an andern Orten hinreichend darüber ausgesprochen habe.***)

Hier handelt es sich nur darum, inwiefern die Schulverhältnisse die angeborenen oder anderweit erworbenen nervösen und seelischen Anomalien entwickelt, wo sie gehemmt werden sollten und könnten, und inwiefern sie neue Schädigungen hervorrufen, wo es durch zweckmäfsigere Lehr- und Erziehungspläne wie Methoden vermieden werden könnte. Die Schule trägt nicht die Schuld, sondern nur eine Mitschuld;

---

*) Aufser den genannten Schriften sei noch besonders verwiesen auf: Ufer, Geistesstörungen in der Schule. Ein Vortrag nebst 13 Krankenbildern. 2. Aufl. Wiesbaden 1893.

**) Näheres in meiner Schrift: Die Familienrechte an der öffentlichen Erziehung. 2. Auflage. Langensalza 1892.

***) Die Aufgabe der öffentlichen Erziehung angesichts der socialen Schäden der Gegenwart. Gütersloh 1890.

weit gröfser ist die Schuld des übrigen socialen Lebens, insbesondere auch die der Eltern, welche an den Kindern heimgesucht wird. Betrübend aber ist es für den Vaterlands- und Menschenfreund, wenn er wahrnimmt, wie das Heer nervöser Übel und damit zugleich die geistigen und sittlichen Schwächen und Gebrechen in unserem Volke zunehmen und diese Minderwertigkeiten so viele von der Wiege bis zur Bahre begleiten.

IV. Zur Verhütung psychopathischer Minderwertigkeiten.

Um so mehr drängt sich uns die Frage auf, was denn geschehen kann, um dem Übel Einhalt zu thun, das nach Ansicht der Ärzte in der modernen Zeit sich mehr denn je verbreitet, nach Pelman*) am meisten in Nordamerika und Frankreich, dann in Rufsland, England und Deutschland. „Und diese Nervosität nimmt noch täglich zu, sie wächst heran zu einer Plage so grofs und unleidlich, wie es je eine der sieben ägyptischen gewesen ist."

Tritt das Psychopathische doch sogar als sociale Erscheinung uns entgegen in dem gefahrdrohenden affektiv überreizten, intellektuell und ethisch aber um so mehr geschwächten und von der Bahn des ruhigen, sachgemäfsen Denkens verrückten politischen, kirchlichen und wirtschaftlichen Parteitreiben. Es fragt sich, was geschehen kann, um die angeborenen psychopathischen Minderwertigkeiten nicht zur Entfaltung kommen zu lassen, um die das Kindesleben bedrohenden prädisponierenden Ursachen und Gelegenheitsursachen für den Ausbruch psychopathischer Belastung und Degeneration zu verhüten und, soweit ihre Einwirkung nicht verhütet werden kann, die Widerstandskraft der Individuen und ganzer Geschlechter gegen dieselben zu erhöhen. „Fährt man aber fort, von dem bei uns noch vorhandenen Gesundheitskapitale zu zehren, ohne an eine Neubeschaffung zu denken, dann mufs sich das Kapital endlich erschöpfen, und jede Generation wird

---
*) Nervosität und Erziehung. 6. Aufl. S. 2.

weniger mit auf den Weg bekommen, bis auch hier, wie im finanziellen Leben, der Bankbruch der Scene ein Ende macht."*) Die Frage der Prophylaxe ist, wie auch v. Krafft-Ebing und Koch einmütig betonen, darum keineswegs eine rein individuelle, sondern zugleich eine sociale von grofser Tragweite. Es ist, um mit Koch zu reden, zweifellos, dafs in diesen Dingen nicht nur der Einzelne, sondern auch das ganze lebende Geschlecht Pflichten zu erfüllen hat. Was der Einzelne mit seinen Leibes- und Geisteskräften anfängt, das scheint vielleicht rein seine Sache zu sein. Doch scheint es nur so, denn in Wahrheit ist es zugleich die Sache der menschlichen Gesellschaft, in der er wurzelt und steht, und die Sache der kommenden Geschlechter. „Deshalb ist die Prophylaxe der psychopathischen Minderwertigkeiten nach manchen Richtungen hin in besonderem Mafse eine öffentliche Angelegenheit. Man hält sich nicht für berechtigt, einen Staat oder eine Gemeinde für die Zukunft mit allzu schweren pekuniären Lasten zu beladen; nur darüber besinnt man sich nicht, ob man denn auf die Nervengesundheit der Nachkommen so hineinhausen dürfe, wie man es, nicht mit Absicht, aber aus Unkenntnis und Gedankenlosigkeit zum Teil selbst von Obrigkeits wegen thut. Es ist mir aber nicht zweifelhaft, dafs Kulturstaaten oft geradezu vor ihrem Untergange bewahrt bleiben könnten, wenn eine durchgreifende Prophylaxe der psychopathischen Minderwertigkeiten eingerichtet würde und eingerichtet werden könnte. Und dies ist mir um so gewisser, als eine zureichende Prophylaxe in dieser Hinsicht nicht durchgesetzt werden kann, ohne dafs sittliche Kräfte dabei wirksam sind."**)

Wenn die drohenden Gefahren verhütet werden sollen, so mufs darum das ganze gegenwärtige Geschlecht sich die Prophylaxe aller Nervenleiden als eine recht ernstliche Aufgabe stellen.

Was da zu thun wäre, folgt in der Hauptsache aus dem im vorigen Abschnitt Gesagten, und wir können uns hier darum mit einigen weiteren Andeutungen begnügen.***)

---

*) Pelman, a. a. O., S. 14.
**) Koch, a. a. O., S. 298.
***) Ganz besonders sei aber noch das bereits erwähnte Schriftchen von Professor Seeligmüller der Beachtung der Leser empfohlen.

Damit die Kinder nicht mit neuro- und psychopathischen Dispositionen auf die Welt kommen, müfste nach Möglichkeit verhütet werden, dafs nervöse und schwächliche Personen, zumal wenn sie blutsverwandt sind, wenn auch, so doch nicht einander heiraten.

„Da man in der Wahl seiner Eltern nicht vorsichtig genug sein kann, so sollte sie streng genommen schon hier beginnen; leider zeigt die Erfahrung, dafs oft genug alle ärztlichen Ratschläge unbeachtet bleiben und allen Warnungen zum Trotz Ehen eingegangen werden, die fast mit mathematischer Sicherheit die übelsten Folgen nach sich ziehen, falls sie nicht einfach kinderlos bleiben, was glücklicherweise recht oft der Fall ist." *)

Es müfste noch mehr Sorge getragen werden, dafs nach des Tages Last und Hitze im einseitig-geistigen Berufsleben nicht zu oft „Erholung" gesucht werde in Klubs, Bierlokalen, Theatern, Konzerten oder gar in den überhandnehmenden Nachtcafés. **) Der Aufenthalt in überhitzter Luft mit Tabakrauch geschwängert, ein Übermafs im Alkoholgenufs und namentlich die regelmäfsigen Schlafentziehungen greifen die Nerven in „anregender" Weise weit mehr an als die schwerste Berufsarbeit und macht die Eltern unfähig, nervenstarke Kinder zu zeugen, zumal, wenn noch andere nächtliche „Sünden der Väter heimgesucht werden an den Kindern".

Die berüchtigte Polizeistunde war insofern eine Einrichtung von ungemein wichtiger volksgesundheitlicher Bedeutung.

Auch das Fasten, das Graf Tolstoi in seiner neusten Schrift als „Erste Sprosse" der Leiter zur körperlichen, wie geistigen, religiös-sittlichen und socialen Gesundung feiert, war nach Luthers Bekenntnis „eine feine äufserliche Zucht", während die moderne, überfeinerte und scharf gewürzte Tafel ohne den Fastentag als Ruhetag des Magens ebenfalls die Nerven überreizen und erschlaffen hilft.

Nicht minder gilt es, die geistige Genufssucht einzuschränken; insbesondere bei den künftigen Müttern die Lese-

---
*) Roemer, a. a. O., S. 44.
**) Vgl. G. Bunge, Die Alkoholfrage. Leipzig, Vogel 1890.

Wut, wobei sich nicht selten die Phantasie an Romanen krankhaften Inhalts erhitzt und das ruhige Denken beeinträchtigt. Wenn die öffentliche Tagespresse an der Prophylaxe sich beteiligen will, so sollte sie vor allem für geistig und sittlich gesundere Kost sorgen und manches Blatt seine Kritisiersucht einmal gegen die nervenerregenden Tagesströmungen in der Litteratur, der Kunst, der Philosophie, der Politik und des geselligen Lebens richten, namentlich gegen die von Pelman*) so treffend gezeichnete Nervosität in der Romanlitteratur und auf der Bühne.

„Je mehr — so meint er — die Nerven in der Litteratur und Kunst durcheinander geschüttelt werden, je grausiger der Gegenstand, je brausender die Musik, um so wonniger fühlen wir uns angeregt. Einen Roman von Walter Scott in die Hand zu nehmen, wäre ebenso langweilig wie lächerlich. Das ist alles so hausbacken, so gesund, und wenn das Ende vom Liede ist, dafs sie sich doch „kriegen", weshalb alsdann die vielen Seiten und Umstände! Wie anders fassen die neueren Romanschriftsteller das Leben auf! Da kann man ersehen, wie es wirklich ist, und ein Pistolenschufs ist doch eine ganz andere Lösung wie eine gewöhnliche Heirat. Seit Flaubert in seinem berühmt gewordenen „Mme. Bovary" die Hysterie in die Litteratur einführte und salonfähig machte, sind geistig und körperlich Gesunde mehr und mehr von der Bildfläche des modernen Romans verschwunden, und an ihrer Statt führen Geisteskranke und Lumpen einen immer tolleren Reigen auf. Ein bekannter französischer Roman**) spielt sich in der Nervenklinik Charcots ab, von einer Reihe anderer französischer Romane, die ihren Schauplatz noch an ganz andere Orte verlegen, gar nicht zu reden."

„Dafs in diesem edlen Wettstreite die Bühne nicht zurückbleiben durfte, versteht sich von selbst. Von den verschämten Anfängen einer Cameliendame sind wir schon zu den wundersamen Produkten eines Ibsen vorgeschritten, und die lieblichen Melodien Haydns müssen der sinnberauschenden Zukunftsmusik weichen. Gewifs ist, dafs wir nach solcher Kost

---
*) A. a. O., S. 12.
**) Jules Clarétie, Memoires d'un interne.

verlangen und uns nur das geboten wird, was wir verdienen. Aber ebenso unbestritten ist die Wahrheit, dafs die Kost an sich ungesund ist, und es sich hier um krankhafte Produkte eines krankhaft überreizten Geistes handelt, und wenn dieser krankhaft überreizte Geist nebenbei zufällig ein Genie ist, so wird dadurch an der Sache selbst nichts geändert."

Allein wir fürchten, dafs unsere Mahnung hier nur wenige geneigte Ohren finden wird. Für Erziehungsfragen haben seit je nur wenige Tagesblätter besonderes Interesse wie Verständnis und Raum bekundet, während eine gewisse Richtung täglich spaltenlange Berichte selbst über die jämmerlichsten Bühnenmachwerke und deren Aufführungen bringt und vielleicht alles daran tadelt, nur nicht, dafs sie zur nervösen, geistigen und sittlichen Entartung unseres Volkes beitragen helfen. Je toller und aufregender, desto besser!

Das ohnehin schon mit einer schwächeren Konstitution des Nervensystems ausgerüstete weibliche Geschlecht kann nicht genug gehütet werden vor dem vielen Lesen, Hören und Sehen psychopathisch minderwertiger „Heldenthaten". „Sage mir, mit wem du umgehst, und ich will dir sagen, wer du bist," sagt schon der Weise des alten Judentums. In unserm Zeitalter der Nervosität, wo jeder derartige Reiz eine reflexartige Nachahmung bewufst wie unbewufst hervorruft, gilt das doppelt. Wie die verrücktesten Moden, so werden, namentlich vom schwachen Geschlechte und von den nervösen Grofsstädtern, auch die verrücktesten Gedankengänge und Handlungen bald blofs in der Phantasie, bald auch in Wirklichkeit nachgeahmt. Ehen, die sich nicht romanhaft einleiten und gestalten, die nicht verrückt, sondern vernünftig geschlossen und gehalten werden, haben keinen „Reiz", und lassen infolge überreizter Ansprüche für viele kein gemütwarmes Familienleben mehr aufkommen, gewähren also auch nicht den Kindern den wärmenden und belebenden Sonnenschein. Aufserdem werden aus naheliegenden Gründen sowohl gute als minderwertige Eigenschaften von der Mutter in höherem Grade als vom Vater auf die Kinder vererbt wie durch Umgang und erziehliche Beeinflussung übertragen.

Man würde darum wohl thun, jungen Mädchen als zukünftigen Müttern statt nur Buch und Nadel von früh an weit mehr muskel- und nervenkräftigende gröbere Werkzeuge täglich zum fleifsigen Gebrauch in die Hände zu geben. Sind wir doch selbst auf dem Lande schon so weit gekommen, dafs Mütter fürchten, die „Händchen" von 14jährigen, nervösen Knaben könnten Schaden leiden, wenn dieselben täglich eine Stunde ein Gartengerät handhaben. Im Hinblick auf die zukünftigen Mütter, welche doch nicht blofs weibliche Zierpuppen heraufputzen, sondern auch rüstige Knaben erziehen sollen und leider oft allein bis zur Mündigkeit erziehen müssen, wäre eine derbere Erziehung, als viele unserer höheren Töchterschulen sie zu bieten pflegen, sehr wohl am Platze. Für Nonnenklöster mag die Trennung der Geschlechter in der Jugend, wie die Pflege der Sentimentalität, Nervosität und Hysterie bei Kindern erwünscht sein — die heilige Jungfrau und ähnliche Hallucinationen werden dann um so häufiger erscheinen —, für die Mädchen, welche sich später dem gottgewollten und naturgemäfsen Beruf als Mutter widmen sollen, ist die vereinigte Erziehung dringend geboten. Ich wenigstens möchte auf die erziehlichen Vorteile derselben in meiner Anstalt nicht verzichten, ebensowenig wie etwa ein Vater und eine Mutter, die statt vier Knaben und drei Töchter sieben Knaben oder sieben Mädchen erziehen sollten. Die aus dem mit Klöstern und Kasernen übersäten Frankreich zu uns gekommene „moderne" und landläufig gewordene Ansicht hält zwar die Trennung der Geschlechter in den Schulen für selbstverständlich. Dem gegenüber sprach von den tausend Anwesenden auf dem V. evangelischen Schulkongrefs zu Barmen im Jahre 1888 sich nur ein einziger für die Trennung aus und fast einstimmig erklärte die nicht blofs aus Schulmännern aller Kategorien, sondern auch aus Familienvätern verschiedener Berufsstände, aus Geistlichen, Regierungsvertretern u. s. w. zusammengesetzte Versammlung, dafs „Erziehung und Unterricht, Lehrer, Schüler und Eltern sich allesamt bei der Vereinigung der Geschlechter am besten stehen." „Die Schule richte sich möglichst familienhaft ein, in allen Stücken, — also weder kasernenmäfsig, noch klostermäfsig — dann geht sie auf rechter Bahn." Und das gelte nicht blofs für die Volksschule; „auch für die höhere Mädchenschule, Realschule und das Gymnasium dürften die sachlichen Gründe mehr der Vereinigung als der Trennung das Wort reden." Ohne Frage würden viele pathologisch gesteigerte Auswüchse der modernen Jugend nicht aufkommen und namentlich auch die sexuell reizbare Schwäche beider Geschlechter, mit allen ihren „geheimen Jugendsünden" als Folge, durch den täglichen Verkehr untereinander erheblich herabgemindert werden. Vor allem aber würden unsere zukünftigen Mütter den Interessen des Knaben wie des männlichen Geschlechts überhaupt nicht derart entfremdet werden, dafs sie später schlechterdings nicht imstande sind, Knaben zu erziehen, und dafs sie so deren Entartung mit verschulden. Auch dürfte die Achtung des weiblichen Geschlechts gegen sich selber und die des männlichen gegen das weibliche, von frühster Jugend an gepflegt, u. a. die abscheuliche Prostitution herabmindern, welche direkt wie indirekt und im Bunde mit dem gesteigerten Alkoholgenufs *) die Ursache von mindestens 50% aller psychopathisch Minderwertigen und Geisteskranken unserer Grofsstädte ist.

Dieses und ähnliches mehr will beachtet sein, wenn die Eltern die Kinder nicht *ab ovo* neuro- und psychopathisch belasten wollen. —

Die **Kinder** soll man vor allen Dingen geistig nicht vor der Zeit „wecken" und hetzen wollen. Es gilt dies vor allem für Kinder, die angeboren psychopathisch minderwertig sind. Es gilt das aber auch für andere, die sich keine Nervosität erwerben sollen. Zum Glück fordern allerdings die gesunden Kinder ein solches Hetzen weniger heraus als die pathologischerweise frühreifen, auch haben die gesunden Kinder eher vernünftige Eltern.

Im späteren Alter soll man nicht aus Eitelkeit und anderen verwerflichen Gründen **die Kinder für einen Beruf bestimmen wollen, der für ihre Begabung zu hoch und für ihre körperliche Kraft zu schwer ist und sie demnach nicht Schulen besuchen lassen, die nicht für sie passen.** Thut man es doch, so darf man dann der Schule keinen Vorwurf machen, wenn sie solche Kinder zu sehr anstrengt.

---
*) **Forel**, Alkohol und Geistesstörungen. Basel 1892.
Frick, Der Einflufs des Alkohols auf d. Organismus d. Kinder. Basel 1892.

Über die häuslichen Aufgaben ist auch von Ärzten viel gesagt und geklagt worden. Es giebt ein sehr einfaches Mittel, dieselben zu beseitigen oder doch weise einzuschränken, wenn nämlich die Eltern sich aufraffen könnten zu erklären: „Wir helfen unserm Kinde unter keinen Umständen dabei; geben ihm aber jedesmal eine schriftliche Erklärung mit in die Schule, dafs das Kind die Aufgabe nicht selbständig lösen konnte und darum nicht gelöst hat." Die Überfütterung mit unverdaulichem Stoffe würde dann bald aufhören und das Kind geistig gesunder bleiben.

Auch Koch hält mit Rücksicht auf unser gegenwärtiges Geschlecht die Forderung für unerläfslich: „Keine Hausaufgaben mehr oder höchstens nur eine Stunde Hausarbeit! Auch für die schwach Begabten höchstens nur einstündige Dauer der Hausarbeit." In unserer Zeit sei eine prädisponierende somatische und psychische Schwächlichkeit und Nervosität in ganz anderem Mafse verbreitet als früher. Auch werde bei dem Fachlehrersystem heutzutage viel intensiver gearbeitet. Aus beiden Gründen müsse jetzt die Lernzeit herabgesetzt werden, wenn noch eine Regeneration eintreten soll und wir nicht Zuständen zutreiben wollen, wo die Reue zu spät kommt.

Ebenso sollten bei einem nervös disponierten Kinde unter keinen Umständen Nachhülfestunden gegeben werden, um die Schularbeit im Hause zu unterstützen. Kann ein schwaches Kind wirklich noch Überstunden vertragen, ohne dadurch noch mehr geschwächt zu werden, so pflege man in denselben die Interessen, welche in der Schule nicht genügend Nahrung fanden. Kann es z. B. im ersten Schuljahr im Lesen und Schreiben nicht mitkommen, so lasse man es daheim fleifsig zeichnen, bauen, modellieren u. s. w. Der Formensinn ist eben zurückgeblieben und den tötet der Buchstabe vollends. Kann es im Rechnen nicht mit, so verpöne man daheim die Ziffer, man führe es in Wald und Feld spazieren, lasse es die Zahlen erfassen, welche Bäume, Blumen, Tiere, Eisenbahnen u. s. w. darbieten. Wird ein Kind dann nicht versetzt, so ist das vielleicht ein Glück; seine geistige Gesundheit bleibt dann geringeren Schädlichkeiten ausgesetzt.

Was für Dinge in dem Abhetzen mit leerem Wortkram

vorkommen, spottet oft jeder Beschreibung. Ich habe Schwachsinnige kennen gelernt, die mufsten lesen, schwatzen und schreiben über Dinge, die sie nie kennen gelernt hatten. Bei geistig Gesunden ist das zwar auch keine seltene Erscheinung, allein sie sorgen schliefslich selber dafür, dafs sie mit dem Gedankeninhalt vertraut werden. Ein sehr erregbarer schwachsinniger Knabe von neun Jahren konnte eins und zwei nicht unterscheiden, also nicht mit Sicherheit zwei Hölzchen von einem Haufen nehmen. Die Mutter versicherte mir aber, er sei auf Befehl des Anstaltsdirektors nachts im Schlafe geweckt worden, um die Zahlenreihe bis fünfzig aufzusagen, d. h. die Zahlen n a m e n zu memorieren. Derselbe konnte u. a. ganze Fabeln von Hey mit richtiger Betonung auswendig sprechen, ohne irgend einen Satz davon zu verstehen, ohne z. B. auf dem Bilde Knabe, Vogel, Gebüsch und Nest zeigen zu können. Sollte er etwas zeichnen oder „malen", etwa ein Fenster, so fing er an zu lautieren: „F, e, n" u. s. w. So bildet man statt Menschen Papageien und dann wird obendrein noch mit den Leistungen renommiert. Würden solche Kinder doch nie einen geisttötenden Buchstaben zu Gesicht bekommen und dafür die Buchstaben der Natur und des Menschenlebens entziffern lernen! „Der Papageienunterricht ist nicht zum Muster zu nehmen," mahnte Comenius schon vor mehr als 350 Jahren. Allein die menschlichen Papageien findet man auch noch auf höheren Schulen, als Anstalten für Schwachsinnige es sind. Wo die Begriffe fehlen, da paukt man auch hier ein Wort zur rechten Zeit dafür ein. Und wenn es gelingt, so nennt man das dann „vorwärts kommen". —

Doch damit, dafs man die Kinder nicht überanstrengen läfst, ist die Sache keineswegs abgethan. Es müssen wie die Eltern so auch die Kinder davor geschützt werden, dafs sie sich in ihrer freien Zeit nicht noch mehr schädigen, als sie das Lernen in der Zeit geschädigt hätte. Aber gerade in dieser Hinsicht finden die gröfsten und unverantwortlichsten Versäumnisse statt. Wenn daher die von Schulaufgaben entlasteten Schüler nicht auf Abwege kommen sollen, die ihre geistige Gesundheit schädigen, so mufs in der freien Zeit für eine B e s c h ä f t i g u n g oder für k ö r p e r l i c h e B e w e g u n g u n t e r z u v e r l ä s s i g e r A u f s i c h t gesorgt werden, die Leib und Seele vor Schaden bewahrt. Gar zu oft aber entziehen die Eltern sich diesen Pflichten, ja sie ebnen den Kindern geradezu die Wege zu ihrem Schaden und ziehen eine den Leib schwächende und Geist und Gemüt vergiftende Genufssucht grofs. „Da werden," wie Koch (S. 303) so zutreffend schildert, „Taschengelder gegeben, die jedes vernünftige Mafs übersteigen, werden mit den Kindern tief in die Nacht hinein Bälle abgehalten, Abend für Abend Gesellschaft und Theater besucht, wird jede Lektüre gestattet, Kneipen und übermäfsiges Rauchen gutgeheifsen u. s. w. Schon junge Kinder lehrt man ja in unserer Zeit das unnatürliche Treiben der Alten nachäffen, und man sieht nicht, wie ihr Schlaf und ihre Verdauung beeinträchtigt werden, wie sie blafs und nervös sind und psychisch notleiden, oder man sieht etwas, und ist nun stolz auf den blasierten und koketten Affen."

Wichtig ist auch, dafs die Kinder gehörig ausschlafen. Deswegen braucht, wie Koch verlangt, die Schule nicht notwendig eine Stunde später zu beginnen. Weit zweckmäfsiger ist es, die Kinder abends früher ins Bett zu schicken, die jüngeren auf alle Fälle vor der Abendmahlzeit der Erwachsenen. Sie entgehen so am sichersten den Versuchungen, durch den Genufs von Thee, Bier, gewürzte Fleischspeisen etc. ihre Nachtruhe und ihr Nervensystem zu schädigen. „Ein voller Bauch studiert nicht gern," sagt Luther; er schläft aber noch schlechter und schafft unruhige Träume. Darum vor allen Dingen Mäfsigkeit in den Abendmahlzeiten der Kinder!

Auch hierin wird oft schwer gesündigt. Weniger mit gesunden Kindern, weil deren Eltern gesunder zu denken pflegen über diese Fragen und sodann, weil sie mehr vertragen können als die psychopathisch disponierten. Aber mir sind Fälle bekannt, wo Knaben, bei denen schon eine Geisteskrankheit vor der Thür lauerte, morgens um 6 Uhr anfangen mufsten zu arbeiten und oft erst abends um halb 10 Uhr das Buch schliefsen durften; obendrein spielte dann noch der Rohrstock seine Rolle dabei, so dafs zu der intellektuellen Überbürdung sich noch die des Gemüts gesellte, welche weit gefährlicher ist.

Was das gesellschaftliche und gesellige Leben den Kindern der mit Glücksgütern gesegneten Eltern vielfach zu viel

bietet, das müssen die Kinder aus der Volksmasse leider entbehren, und durch diese Entbehrungen werden sie an Leib und Seele geschädigt. Was hier oft am Notwendigsten fehlt, das habe ich bereits früher an einem andern Orte ausgesprochen,*) und in ähnlichem Sinne äufsern sich u. a. auch die von Prof. Baumgarten herausgegebenen „Evangelisch-socialen Zeitfragen" (Leipzig, Grunow). In dem einen dieser Hefte trifft Lic. Drews das Centrum der ganzen Frage mit seiner Überschrift: „Mehr Herz für's Volk!"
Die „Kreuzzeitung", der meine Darlegungen unbequem waren, hat allerdings gemeint, dafs meine Forderungen mit der Schule nichts zu thun hätten; allein Schule und Erziehung haben für mich nicht die Aufgabe, Menschen für gewisse Zwecke abzurichten, wenngleich auch dann schon die alte jüdische Moral fordert: „Du sollst dem Ochsen, der da drischet, nicht das Maul verbinden;" sondern sie haben die Aufgabe, in den Schülern und Zöglingen die Forderungen der Humanität zu verwirklichen, das „Ebenbild Gottes" auch in den ärmsten harmonisch und nach Möglichkeit zu entfalten. Nun ist für uns aber nicht blofs das einseitige religiös- und vaterländisch-dogmatische Vorstellungsleben, sondern der ganze Mensch ein Gebilde Gottes. Auch dem „Leibe als Tempel des heiligen Geistes", um in der Bibelsprache zu reden, mufs darum werden, was zu seiner „Nahrung und Notdurft" gehört. Ja ohne dieses wird das gesamte Geistesleben, also auch das religiös-ethische, der grofsen Gefahr ausgesetzt, zu entarten.

Wenn man nun bedenkt, wie traurig es vielfach mit den Wohnungsverhältnissen der ärmeren Bevölkerung, namentlich der Grofsstädte, bestellt ist, wie ein einziger Raum Eltern, Kindern, Schlafburschen und oft auch noch Schlafmädchen als Küche, Wohn- und Schlafzimmer zugleich dienen mufs; wie Kinder von klein auf aufser den Schulstunden Tag und Nacht in verdorbener Luft, in äufserem und innerem Schmutz, bei dürftigster Ernährung u. s. w. leben müssen, darf es uns da wundern, wenn diese Bevölkerung so viele an Leib und Seele Minderwertige, Geschwächte und Entartete aufweist? Hinzu kommt noch, dafs die sittliche Atmosphäre, die so ein armes

---

*) Die Schule und die wirtschaftlich-sociale Frage. Gütersloh 1890.

Kind tagaus tagein atmen mufs, ebenfalls die denkbar verdorbenste ist. Was ereignet sich doch alles in solchen Wohnungen! Die geistige Nahrung aber, welche es hier bekommt, ist mit der socialdemokratischen Unzufriedenheit und Überreiztheit versalzen, und dennoch ist die Lektüre der socialdemokratischen Schriften bei weitem nicht das Schlimmste, was die kindliche Phantasie einsaugt.

Was nützen solchen Notständen, die auf dem Lande nicht weniger, wenn auch in anderer und viel leichter abstellbarer Weise, vorhanden sind, unsere Schulpaläste, wo die tausend Schüler, welche sie fassen, zwar unterrichtet und abgerichtet, aber von einem liebewarmen Herzen in ihrem Personleben nicht weiter erziehlich beeinflufst werden können, zumal sie jährlich ihren Lehrer zu wechseln pflegen und für den Leiter die einzelnen Schüler und oft auch die hundert und mehr Lehrer doch nur als Listennummern existieren können? Und was nützen gegenüber dem Massenelend alle unsere kleinen wie grofsen, eitlen und selbstgefälligen wie aufopfernden und selbstlosen Wohlthätigkeitsbestrebungen, so lange diejenigen, die zu Gesetzgebern, zu geistlichen wie weltlichen Führenden und Regierenden des Volkes berufen sind, nicht „mehr Herz für das Volk" und seine leiblichen und geistig-sittlichen Nöte haben? Wo ein Wille ist, da wäre schon ein Weg.

Berge von privater Liebe findet man aufgetürmt, wenn man die freiwillige Sorge für die Tausenden von Elenden und Unglücklichen, Schwachsinnigen, Epileptischen und anderen leiblichen und geistigen Krüppeln, welche jenes sociale Elend zumeist verschuldet, in den grofsen Anstalten wie die Bielefelder und Alsterdorfer (bei Hamburg) in Augenschein nimmt. Doch eine weit gröfsere Wohlthat würden die unserem Volke erweisen, die es vermögen, Mafsregeln zur Verhütung solcher Entartungen ernstlich einzuleiten. Die Ursachen sind hier vielfach körperliche wie geistige und ethische Entbehrungen allerlei Art bei Eltern und Kindern neben sittlicher Verkommenheit mit allen ihren Folgeerscheinungen.

Für reich und arm kann aber nur die Pestalozzische Losung in „Lienhard und Gertrud" helfen: „Die Wohnstube (die Familie) mufs Rettungsanstalt werden!" —

Doch mit der Fernhaltung körperlicher wie geistiger Überanstrengungen im Geniefsen wie Entbehren bei Eltern und Kindern ist keineswegs genug geschehen. Es gilt nicht minder, die Widerstandskraft der Einzelnen wie ganzer Geschlechter gegen die Ursachen neuro- und psychopathischer Veranlagung zu erhöhen. Es gilt körperlich wie geistig Selbstbeherrschung und Entsagungsfähigkeit zu üben, Körper und Geist von früh an gegen jede Überempfindlichkeit abzuhärten, das Pflichtgefühl zu stärken u. s. w. Alles, was den Körper im allgemeinen schwächt und die Gesamtkonstitution schädigt, vermindert auch die Widerstandskraft des Nervensystems und fördert somit die psychopathische Belastung.

Psychopathische Minderwertigkeit schliefst aber auch nicht selten eine ethische Minderwertigkeit ein, auf alle Fälle steht sie mit der individuellen und socialen Moralität im Kausalzusammenhange. Beide bedingen einander. Die Ethisierung der Gesellschaft bedeutet darum zugleich Verhütung nervöser und seelischer Schwächen und Leiden.

Im Hinblick auf unsere nervösen und psychopathisch belasteten Kinder ist vor allen Dingen das Familienleben zu ethisieren. Wer eine Familie gründet, sollte für sich und seine Nachkommen auch die Pflicht übernehmen, ein ruhiges und behagliches Familienleben führen zu wollen.

So sollte das Oberhaupt dafür Sorge tragen, dafs er im Berufs- und Genufsleben nicht vollständig auf- oder gar moralisch untergeht. Es ist jedenfalls sehr zu beachten, was der englische Psychologe und Irrenarzt Maudsley[*] von seinen landsmännischen Kaufleuten sagt, und ohne Frage auch für einen gewissen Teil unserer deutschen Geschäftswelt zutreffend:

„Es sind nicht die Wogen innerer Aufregung, die die Seele des Kaufmanns verwirren und zu maniakalischen Ausbrüchen führen, — obwohl auch dies zuweilen vorkommen kann, — es ist nicht ein Fehlschlagen auf der Höhe einer Geldkrisis, das seine Kraft lähmt und ihn tiefsinnig macht, — wiewohl auch dies manchmal zutrifft, — sondern die Ausschliefslichkeit seines Lebenszieles und seiner Beschäftigung ist es, die nur zu oft das moralische oder altruistische Ele-

---

[*] Maudsley, Die Physiologie und Pathologie der Seele. Würzburg 1870. S. 214.

ment seiner Natur untergräbt, ihn zum teilnahmlosen Egoisten und Pedanten macht und in seiner Person die menschliche Seite der Natur zu Grunde richtet .... Ein solcher Mensch wird keine gesunden Kinder erzeugen; im Gegenteil, es ist im hohen Grade wahrscheinlich, dafs die von ihm erworbene Korruption seiner Natur als ein verhängnisvolles Erbgut auf seine Kinder übergehen wird.... Ich mufs nach dem, was ich gesehen habe, die Überzeugung aussprechen, dafs eine übertriebene Leidenschaft für die Erwerbung von Reichtümern, die die ganze Kraft des Lebens absorbiert, zu geistiger Degeneration der Nachkommen prädisponiert — entweder zu Unmoralität oder zu sittlicher und intellektueller Mangelhaftigkeit, oder endlich unter gewissen Lebensverhältnissen zum Ausbruch positiven Irrseins. Denn keine organische Regung, sie sei sichtbar oder unsichtbar, fühlbar oder unfühlbar, ob sie den edelsten Zwecken oder den niedrigsten diene, verschwindet spurlos, sondern hat eine Wirkung auf das Ganze, die auch in den verborgensten Tiefen des Seelenlebens noch nachklingt und nachzittert und als Anlage auf die Nachwelt übergehen kann."

Das Oberhaupt der Familie sollte sich nicht blofs als Vater der Kinder, sondern auch als Priester seines Hauses fühlen, der an Feierabenden und Feiertagen seine Gemeinschaft zu weihen versteht. Noch weniger aber sollte die Hausfrau sich als „Ausfrau" wohl fühlen. Versteht sie nicht, das heilige Feuer an ihrem eigenen Herde als Vestalin zu hüten, so wird es sicher erlöschen und die ruhelose Jagd nach dem vergnügenden Glück bei Eltern und Kindern in dem nervenerregenden Lärm der modernen Geselligkeit beginnen, wobei Rausch und Jammer so lange periodisch abwechseln, bis letzterer in der Form von „Nervosität" den Sieg davon trägt. Die sogenannten Erholungen reizen und zerrütten eben das Nervensystem am meisten. Es ist darum eine ganz natürliche Erscheinung, wenn man in religiös gesinnten, sittenstrengen Kreisen weit seltener nervöse und psychopathische Disposition, Belastung und Entartung antrifft, als dort, wo man an der Kirche vorbei geht und dem Genusse nachjagt.

Überhaupt gilt es neben oder gar vor der Leibes- und Geistesbildung auch die Gemüts- und Charakterpflege

zu üben. Denn die Gemütsbewegungen üben einen starken Einflufs aus auf das gesamte organische Leben und durch dieses auf die Bewegungen und auf die inneren Ernährungsprozesse, wie auf das Vorstellungs- und Willensleben.
„Eine Störung des Gemütslebens wirkt auf das animale sowohl als auf das organische und intellektuelle Leben. Sie gräbt sich in die Züge des Antlitzes ein und spricht sich in dem ganzen Habitus des Körpers aus; sie kann Organkrankheiten hervorrufen oder vorhandene verschlimmern, indem sie je nach ihrer Dauer eine vorübergehende oder bleibende Zerrüttung bedingt; sie kann endlich den Verstand temporär verdunkeln oder sogar für immer zu Grunde richten. Objekte und Ereignisse, die ihrer wahren Natur nach Unlust erregen sollten, rufen Lust hervor und umgekehrt: Scenen der Unordnung, Excesse, Gewaltthaten sind dem verkehrten Gefühl willkommen und angenehm, Ordnung und Mäfsigung aufregend und widerstrebend. Ja, bevor Bildung und Erfahrung bestimmte Wege für die Ideenassociation gebahnt und Vorstellungsgruppen organisiert haben, strebt jede Bewegung des Gemüts direkt sich nach aufsen zu kehren, entweder auf die Organe des vegetativen oder auf die des organischen Lebens. Bei Kindern und Wilden kommen bekanntlich einfache Affekte sehr leicht zu stande und geben sich ebenso leicht durch Reaktion nach aufsen kund. Erst wenn sich ein fester Charakter gebildet hat, ist eine Kraft vorhanden, die die Energie der Affekte in den Schranken des intellektuellen Lebens zurückzuhalten imstande ist; doch selbst dem ehernsten Charakter begegnet es zuweilen, dafs ein Affekt, zu mächtig oder zu plötzlich entstanden, sich dieser Kontrolle entzieht." *)

Wie in gesunder Weise, ohne weichliche Sentimentalität, Gefühlsschwäche und gesteigerte Affekte die Gemüts- und Charakterpflege in organischer Verbindung mit dem Unterrichte zu üben ist, läfst sich hier im Rahmen dieser Arbeit nicht weiter ausführen. An den genannten Orten habe ich wiederholt diese Frage berührt, ihr auch in meinem „Tagebuch für Unterricht und Erziehung" den ihr gebührenden Raum zugewiesen. In anziehender Form giebt Dr. E. Barth, Direktor der Erziehungsschule in Leipzig, Eltern

---
*) Vgl. Maudsley a. a. O., S. 142 ff.

und Lehrer praktische Winke.*) Auch Dr. Fritz Schultze, Professor der Philosophie und Pädagogik an der polytechnischen Hochschule in Dresden, hat ganz in unserm Sinne in gemeinverständlichster Weise das ganze Gebiet von Unterricht und Erziehung beleuchtet.**) Beide Schriften seien den Lesern darum angelegentlichst empfohlen.

In der angedeuteten Weise müssen also die Eltern zunächst für sich sorgen, wenn sie fähig sein wollen, ihren Kindern die wertvollsten Lebensgüter, die Gesundheit an Leib und Seele zu vererben. Auch ist nur in einer reinen, sonnendurchwärmten Luft des Familienlebens eine Kräftigung und Härtung von Nerven, Geist und Gemüt der Kinder möglich.

Um sodann die Widerstandskraft der Kinder gegen Nerven und Geist schädigende Einflüsse zu erhöhen, empfiehlt sich zunächst eine einfache, **naturgemäfsere Lebensweise** in Nahrung, Wohnung und Kleidung, u. a. frühzeitige Gewöhnung an Luft und Licht neben systematischer, aber doch auch nicht übertriebener und überreizender **Abhärtung gegen Temperatureinflüsse**; **regelmäfsige körperliche Bewegungen**, und zwar nicht blofs durch Spazierengehen, wobei blofs die Beinmuskeln sich kräftigen, sondern auch durch Spiele und körperliche Arbeit im Freien oder doch in luftigen, staubfreien Räumen; **Pflege der Selbstthätigkeit** bei allen körperlichen wie geistigen Verrichtungen, und zwar von frühester Jugend an; ebenso **Gewöhnung an ruhigen Gehorsam** — nur einmal darf etwas befohlen werden —; vor allem aber **Pflege der Liebe und Pietät** wie der **Achtung vor der Autorität**, der **Wahrheitsliebe**, der **Gewissenhaftigkeit**, **Zuverlässigkeit** und **Pflichttreue**, der **Willenskraft**, der **Selbstachtung** und des **Selbstvertrauens**, aber auch der **wahren Frömmigkeit** und des **Gottvertrauens**.

Wir müssen uns mit wenigen Hinweisen begnügen; es liefse sich sonst viel über jeden einzelnen Punkt sagen, wie denn auch schon viel darüber gesagt und geschrieben worden

---

*) Barth, Über den Umgang. 4. Aufl. Langensalza. Derselbe, Die Reform der Gesellschaft durch Neubelebung des Gemeindewesens. Leipzig 1885.

**) Schultze, Deutsche Erziehung. Leipzig 1893.

ist, wenn auch selten in dem Sinne, dafs es Mittel sind, die Kinder gegen Nervosität und psychopathische Schädigung zu schützen. Doch kann ich mir nicht versagen, über Autorität und Liebe ein ebenso schönes wie tiefsinniges Wort unseres grofsen pädagogischen Forschers Herbart hier anzuführen*) und daran einige Bemerkungen zu knüpfen.

„Der Autorität beugt sich der Geist; sie hemmt seine eigentümliche Bewegung; und so kann sie trefflich dienen, einen werdenden Willen, der verkehrt sein würde, zu ersticken. Sie ist am unentbehrlichsten bei den lebendigsten (nervösen) Naturen; denn diese versuchen das Schlechte mit dem Guten; und sie verfolgen das Gute, wenn sie sich im Schlechten nicht verlieren. — Erworben wird die Autorität nur durch Überlegenheit des Geistes; und diese läfst sich bekanntlich nicht auf Vorschriften reducieren; sie mufs für sich, ohne alle Rücksicht auf Erziehung dastehen. Ein konsequentes und weitgreifendes Handeln mufs offenbar von statten gehen auf eignem, geradem Wege, achtsam auf die Umstände, unbekümmert um die Gunst oder Ungunst eines schwächern Willens."

„Liebe beruht auf dem Einklang der Empfindungen und auf Gewöhnung. Der erwirbt sie gewifs nicht, der sich absondert, viel im hohen Tone spricht, und sich mit kleinlich abgemessenem Anstande bewegt. Aber auch der erwirbt sie nicht, der sich gemein macht, und, wo er gefällig, aber zugleich überlegen sein sollte, nach eigenem Genusse hascht, indem er am Genusse der Kinder teil nimmt."

„Aber die Liebe des Knaben ist vergänglich und flüchtig, wenn nicht hinreichende Gewöhnung hinzukommt. Längere Zeit, warme Sorgfalt, Alleinsein mit dem Einzelnen, dies giebt dem Verhältnis Stärke. — Wie sehr die Liebe, wenn sie einmal gewonnen ist, das Regieren erleichtert, braucht nicht erst gesagt zu werden; aber sie ist der eigentlichen Erziehung so wichtig — indem sie dem Zögling die Geistesrichtung des Erziehers mitteilt — dafs diejenigen dem gröfsten Tadel unterliegen, die sich ihrer zu den selbstgefälligen Proben

---

*) Aus seiner „Allg. Pädagogik", I. Buch. 5. Aufl. der Bartholomäischen Ausgabe. Langensalza 1890. S. 134 f.

von Gewalt über die Kinder so gern und so verderblich bedienen!"

„Die Autorität ist am natürlichsten beim Vater, denn bei ihm springt am sichtbarsten die Überlegenheit des Geistes hervor, der es zugestanden ist, mit wenigen Worten der Nichtbilligung oder des Beifalls niederzuschlagen oder zu erfreuen."

„Die Liebe ist am natürlichsten bei der Mutter; bei ihr, die unter Aufopferungen aller Art die Bedürfnisse des Kindes, die sonst niemand erforscht, verstehen lernt; die zwischen sich und dem Kinde viel früher eine Sprache bereitet und bildet, als irgend ein anderer zu dem Kleinen die Wege der Mitteilung findet; die, von der Zartheit des Geschlechts begünstigt, so leicht den Ton der Einstimmung in die Gefühle ihres Kindes zu treffen weifs, dessen sanfte Gewalt, nie gemifsbraucht, auch nie seine Wirkung verfehlen wird." So meint Herbart.

Was aber Autorität und Liebe in einer Person vereinigt zu bewirken vermögen für die Führung anderer, lesen wir Matth. VIII, 9. „Wenn ich sage zu einem: Gehe hin! so gehet er; und zum andern: Komme her! so kommt er, und zu meinem Knecht: Thue das! so thut ers." Autorität und Liebe so vereinigt, ist der von Christus bewunderte wie geforderte „Glaube", der oftmals „Berge versetzt" und darum auch „böse Geister," die ein Kind „unruhig" machen, zu bannen und fernzuhalten versteht. Wie nun aber, wenn eins oder beides fehlt? Wenn der Vater nervösen Kindern gegenüber nur eine „Autorität" ist, die sie zittern und scheu und schüchtern macht? Oder wenn die Mutter in „Liebe" zerfliefst und keine Autorität besitzt? Wenn man Tyrannei, die blinden Gehorsam ohne vertrauensvolle Hingabe erzwingt, als Autorität fafst, und wenn das Aufgehen in nervöse Affekte, das äufsere Herzen und Küssen und Streicheln und Schmeicheln, sowie das sich Fügen in den launenhaften Willen eines psychopathisch minderwertigen Kindes, also die krankhaften Willensschwächen der Mutter, Liebe nennt?! Wenigstens darf es uns dann nicht wundern, wenn die psychopathische Disposition bald zu einer Belastung oder gar zu einer Degeneration sich steigert, anstatt dafs die Widerstandsfähigkeit sich vermehrt.

Und wie nun, wenn die natürliche Autorität und Liebe der Eltern oder ihrer Stellvertreter nicht mehr wirkt oder mit den Trägern ins Grab gefahren ist und der einzelne Mensch oder eine Gemeinschaft von Menschen den Glauben an eine **absolute** Autorität und eine **absolute** Liebe verloren hat; wenn der sittliche und religiöse Boden unter den Füfsen wankt und schwankt; wenn nicht mehr aus dem Herzen dringt: „Unser Vater in den Himmeln. Dein Name werde geheiligt. Dein Reich komme. Dein Wille geschehe!"? Darf es uns da wundern, wenn die eigenen Willen der Menschen und der menschlichen Gemeinschaften einander im Kampfe ums Dasein nach dem Satze: „Gewalt geht vor Recht" aufreiben und aus der nervösen Unruhe nicht herauskommen?

Ohne dafs sittlich-religiöse Kräfte mitwirken, kann eine wirksame Prophylaxe gegen Nervosität und psychopathische Entkräftung nicht Platz greifen. Dafür sollte das Gesagte wenigstens eine Andeutung geben.

Die Herbartsche Pädagogik stellt der Erziehung und dem Unterricht als oberstes Ziel: **sittlich-religiöse Charakterbildung.** Ein unbedingtes Festhalten an demselben ist auch für unsere Frage der gewiesenste Weg.

Leicht liefse sich nun zeigen, wie Gottvertrauen und wahre Frömmigkeit, Autorität und Liebe gegen Eltern und Lehrer, Treue und Wahrhaftigkeit auch in den kleinsten Dingen, Selbstvertrauen und Willensstärke und andere sittliche Eigenschaften mehr nicht blofs manche seelische Aufregung und Schädigung verhüten, sondern auch den Körper leistungs- und widerstandsfähiger entwickeln lassen. Doch der Leser wird sich die Wirkung sittlicher Kräfte in der Erziehung leicht ausdenken können an zahlreichen bekannten Beispielen aus der Geschichte und dem täglichen Leben. Ich will darum nur noch auf die Kehrseite, auf das **Verziehen** und **Verwöhnen**, dem die pathologischen Kindesnaturen wiederum weit mehr als die gesunden ausgesetzt sind, mit wenigen Andeutungen eingehen.

Wie unverständig manche Eltern gerade diesen Kindern gegenüber handeln, ist oft unglaublich.

Ein nervöses, blutarmes Kind soll abgehärtet werden, indem man es ohne Unter- und Überkleider in die kalte Winterluft schickt, während ein vollblütiger Junge mit rosigen Wangen, der keinen Überrock kennen sollte, Wollhemde tragen mufs und draufsen in Pelze gehüllt wird. Ein Kind, dessen neuropathische Disposition sich schon frühzeitig in der Überempfindlichkeit der Geschmacks- und Verdauungsnerven kenntlich macht, überfüttert man mit Leckereien und Näschereien, damit ja noch die Nervosität gesteigert wird. Heute essen sie dann viel, weil es gut schmeckt, und morgen haben sie einen verdorbenen Magen, warum sie ungenügend essen, zumal wenn es nichts „Schönes" giebt. „Milch trinkt unser Kind nicht, es mag und verträgt sie nicht; es mufs Chokolade, Kakao, Kaffee und Bier, oder auch Wein mit Wasser haben," hört man oft.

„Halt, auf deiner Milch schwimmt Sahne, die will ich dir herunternehmen; ich kann sie auch nicht essen," hörte ich mehrfach von Müttern und Vätern sagen, einmal sogar zu einem Kinde, das kaum Milch und Sahne unterscheiden konnte.

„Nein, das kann mein Kind nicht essen," oder: „Schmeckt dir das auch, sonst gebe ich dir etwas anderes," spricht der überreizte Geschmack mancher Mutter, die auf diese Weise nun auch eine Überempfindlichkeit bei dem Kinde züchtet. Und manchmal wird es darin so weit gebracht, dafs krankhaft veranlagte Kinder vor jedem Gericht schreiend erklären: „Nein, das mag ich nicht, das kann ich nicht essen," auch wenn hinterdrein nach Bitten und Zureden der Angehörigen es sich dasselbe vortrefflich munden läfst.

Wie hier so wird es dann in allen Dingen wählerisch. Es weifs zuletzt gar nicht, was es will, oder vielmehr, es bekommt jedesmal das Gefühl, dafs es das, was es soll, nicht wollen kann und nun das Gegenteil erstreben mufs.

Eine gesunde Erziehung weifs dergleichen zu vermeiden; je erregter und unruhiger ein Kind ist, desto besonnener und ruhiger hält sie in allen diesen Dingen fest an dem Sprichwort der noch nicht nervösen niederdeutschen Bauern: „Kälbermafs und Kindermafs müssen alte Leute wissen," und: „Sic volo, sic jubeo!" Dadurch wird dem Kinde manche Unruhe, Unzufriedenheit, Schädigung des Magens, ja auch manche bittere Strafe erspart. Was natürlich ein Kind nicht essen kann, damit soll man es auch nicht quälen. Das wäre eine ebenso verkehrte Behandlung.

Bei dieser Gelegenheit möchte ich nochmals dringlich vor Kaffee und Alkohol warnen.

Mit Professor Nothnagel in Wien müssen wir es als einen Krebsschaden unserer Zeit bezeichnen, dafs man schon kleinen Kindern von zwei und drei Jahren Wein oder Bier bei Tisch verabreicht. Neuro- und psychopathisch veranlagte Kinder sollten insbesondere während ihrer ganzen Kindheit vor Alkohol- wie vor Kaffee- und ähnlichen Genüssen gehütet werden. Auch Roemer*) kann nicht umhin, „auf die schweren Gefahren aufmerksam zu machen, welche die von vielen Laien und auch von manchen Ärzten so befürwortete Darreichung von geistigen Getränken, zumal den schweren Sorten, an schwächliche Kinder nach sich ziehen; ohne Zweifel ist ja der Alkohol auf der Höhe so mancher Krankheiten und im Rekonvalescenzstadium ein unschätzbares Heilmittel, aber die fortgesetzte Zufuhr, zumal wenn sie blofs prophylaktisch oder um der Schwäche willen gegeben wird, mufs notwendig das Nervensystem schwer beeinträchtigen."**) Ich kenne ein Kind, das mit Tokayer Wein auf Anraten des Arztes grofsgezogen wurde. Später wurde es schwer epileptisch und geht wahrscheinlich körperlich wie geistig und sittlich zu Grunde.

Fast noch mehr als bei der Ernährung werden unsere Kinder im Hinblick auf die Selbstthätigkeit verwöhnt. Hier gilt das Wort: „Wer nicht hat, von dem wird noch genommen, was er hat." Neuro- und psychopathisch veranlagte Kinder haben z. B. oft Muskelschwäche und Bewegungsanomalien. Anstatt nun das Wenige durch Übung zu kräftigen, heifst es: „Halt, das kannst du nicht, das will ich dir machen!" oder: „Ich kann es nicht ansehen, wie das arme Kind sich beim An- und Auskleiden so quält, da helfe ich ihm lieber." Ein zwölfjähriger Knabe von normaler Körpergröfse sollte beim Anziehen seiner Stiefel dieselben wenigstens mit anfassen. „Das bin ich nicht gewohnt," erklärte er. Solche Kinder lernen erst sehr spät selbständig essen und trinken, sie werden oft bis ins schulpflichtige Alter gefüttert, und hinterdrein wundert man sich über die Ungeschicklichkeit

---

*) Psychopathishe Minderwertigkeiten im Säuglingsalter. S. 43.
**) Weiteres bei Dr. R. Demme, Professor in Bern, Über den Einflufs des Alkohols auf den Organismus der Kinder. Stuttgart 1891.

bei der Tafel. Sie brauchen sich nicht an- und auszukleiden, das wird gemacht. Sie gehen nicht spazieren, sie werden spazieren geführt. Sie fahren nicht mit ihrem Schlitten und Wagen, man fährt sie in denselben. Sie beschäftigen sich nicht, sie werden beschäftigt. Sie turnen nicht, sie werden geturnt. U. s. w. Das einzige, was das „mitleidige" (d. h. gefühls s c h w a c h e) Herz ihnen nicht abnehmen kann, ist das Gehen, Stehen und Sitzen. Die Beinmuskulatur ist darum bei solchen Individuen auch in der Regel nur wenig geschwächt, während ich Arme und Hände bei mehreren 12jährigen und älteren Kindern kennen gelernt habe, die nicht kräftiger und geschickter als die von gesunden, dreijährigen waren, zum grofsen Teil nur infolge von Unthätigkeit.

Dasselbe wiederholt sich dann auf geistigem Gebiet. Das Kind spielt nicht, man spielt mit ihm oder läfst es spielen. Es sucht das Verlorene nicht, man sucht es ihm. Es lernt nicht selbst beobachten, man zeigt ihm die Dinge. Seine Hausaufgaben aus der Schule macht es nicht selbständig, sie werden ihm gemacht oder man läfst sie es machen. Das Kind lernt in Haus und Schule eigentlich nicht, es „wird gelernt". Kurz, Kinder werden wie Gänse genudelt.

Was dabei aber vollständig in die Brüche geht, das ist das Selbstvertrauen. Jeder dritte Satz bei solchen Kindern lautet: „Ach, das kann ich nicht." Und darum thut in der Erziehung derselben nichts mehr not, als nie diesen Gedanken aufkommen zu lassen, d. h. nicht mehr von ihnen zu verlangen, als was sie können und das Gefühl einzupflanzen, dafs auf einen Streich noch keine Eiche fallen kann.

Ebenso gesellen sich zu der Schwäche dann gern die Bequemlichkeit, Trägheit und Faulheit. Sie werden gewissermafsen auf jene Weise anerzogen.

Aus Bequemlichkeit lernen sie dann weiter das Nichtkönnen und Nichtmögen vorschützen und so gewöhnen sie sich an Unwahrheit.

Sehen sie nun noch, wie die moderne Geselligkeit der Erwachsenen durch Unwahrheiten jeder Unbequemlichkeit und Verlegenheit aus dem Wege geht, so lernt das Kind lügen, und man weifs garnicht, woher es das hat. Man vergifst eben, dafs hier von den Erwachsenen das Wort Lessings gilt:

„Ich kann meine sittliche Würde von mir werfen, um sie in jedem Augenblicke wieder aufzunehmen," dafs das Kind aber nicht dazu fähig ist.

Jean Paul ist zwar der Ansicht: „In den ersten fünf Jahren sagen unsere Kinder kein wahres Wort und kein lügendes, sondern sie reden nur. Ihr Reden ist ein lautes Denken; da aber oft die eine Hälfte des Gedankens ein Ja, die andere ein Nein ist, und ihnen beide entfahren, so scheinen sie blofs zu lügen, indem sie mit sich reden. Ferner: sie spielen gern mit der ihnen neuen Kunst der Rede; so sprechen sie oft Unsinn, um nur ihrer eigenen Sprachkunde zuzuhören."

Und Schleiermacher sagt in seiner Erziehungslehre: „Wenn man den Kindern nicht unrecht thun will, so mufs man sehr bestimmt unterscheiden, dafs sie dabei rein von dem Gesichtspunkt ausgehen, einen gewissen Zweck zu erreichen, dafs sie aber die Unwahrheit gar nicht so abschätzen, wie wir es müssen; sie sehen die Sprache nur als einen Vorrat von Mitteln an, ihren Zweck zu erreichen. Worauf man aber halten mufs, ist dies, dafs sie, wenn man nach dem fragt, was geschehen ist, die Wahrheit geben."

Eine gelungene Lüge wird aber gar leicht die Mutter der Lügen. Man mufs darum von vornherein auf der Hut sein und die Luft in der Familie auch von diesem Ansteckungsstoff rein zu erhalten suchen, indem man jede Lüge als eine Entweihung des Familienheiligtums betrachtet, als „ein häfslicher Schandfleck an einem Menschen, der nur gemein ist bei ungezogenen Leuten", wie schon Jesus Sirach sich ausdrückt. —

Natürlich geschieht das Verziehen und Verwöhnen in der besten Absicht. Je schwächer ein Kind ist, desto mehr wird es „geliebt". Allein solche Liebe der Angehörigen ist oft blind oder doch kurzsichtig. Sie kann nicht ertragen, dafs das bedauernswerte Kind auch nur einen Augenblick von einem Unlustgefühl beherrscht wird; sie sieht aber nicht, wie schwer oft dieses Gehen- und Geschehenlassen für die gesamte seelische Entwicklung ins Gewicht fällt und mit tausend weit schädlicheren Unlustgefühlen im Lebenslaufe bezahlt werden mufs. —

Hinzu kommt noch, dafs bei Nervosität und psychopathischer Minderwertigkeit nicht selten die egoistische

Gesinnung krankhaft gesteigert ist und altruistische Gefühle oft gänzlich fehlen oder sich doch erst sehr spät entwickeln. Das ist namentlich der Fall, wenn geistige Schwäche vorhanden ist. Solche Kinder reden kaum einen Satz, der nicht das Wort „ich" enthält. Und besitzen nun Eltern solchem Kinde gegenüber eine liebevolle Willensschwäche, so bringt oft schon ein vierjähriges Kind es fertig, die ganze Familie zu beherrschen. In überraschender Weise wissen sie jeden Umstand auszunutzen, um ihren Willen durchzusetzen. Sie merken z. B., dafs die Eltern vermeiden, in Anwesenheit eines Besuchs mit ihnen zu verhandeln, und darum ist ihnen jeder Besuch willkommen zur Befriedigung ihrer Neigungen und Wünsche. Sie wissen oder fühlen genau, was sie durch Schreien durchsetzen können und was wiederum durch Liebkosen der Mutter, und so üben sie sich fleifsig in beidem bis zu einer gewohnheitsmäfsigen Virtuosität, die schliefslich alle Welt umarmen und küssen möchte, und nicht selten tragen diese krankhaft gesteigerten Affekte — Zärtlichkeit und Anhänglichkeit fälschlich genannt — mit der Zeit gemeingefährliche Früchte.

So sehr ich auch warnen möchte, rücksichtslos Grundsätze durchzuführen, wie sie so oft angepriesen werden, — dafs man nicht früh und konsequent genug mit der Abhärtung des Kindes beginnen, es nicht früh genug an Gehorsam gewöhnen könne u. s. w. —, so möchte ich doch allen besorgten und beunruhigten Müttern dringend die Bewahrung der Seelenruhe und Geduld bei der ganzen Erziehung und Pflege anempfehlen und sobald das Kind einsichtsvoll genug ist, eine sorgfältige Pflege der wahren Liebe und Autorität, die in dem Kinde keine anderen Gedanken aufkommen läfst als die: „So wie es Vater und Mutter wollen, so ist es unbedingt gut;" „nicht mein, sondern ihr Wille geschehe;" „was Vater und Mutter mir sagen, will ich gern und sofort thun;" „nur einmal darf ich mir etwas sagen lassen" u. s. w.

Solche Liebe heilt manchen Schaden an Leib und Seele.

V. Über die Behandlung der Kinder mit psychopathischen Minderwertigkeiten.

Wenn bei einem Kinde eine psychopathische Schädigung vorhanden ist, sei es, dafs sie angeboren, sei es, dafs sie im Laufe des Lebens erworben worden ist, so fragt es sich, ob und wenn ja, wie sie zu beseitigen oder doch zu bessern ist, und wenn beides nicht möglich, wie man ihre Fortentwicklung verhindern kann.

Nicht alle Schädigungen des Nervensystems wie des Geisteslebens sind besserungsfähig. Mancher Nerven- oder Geisteskranker kehrt bekanntlich nie über die Schwelle des Irrenhauses zurück, und aus einem Idioten ist noch nie ein Genie geworden. Aber auch unter den psychopathischen Minderwertigkeiten giebt es Formen, wo die Besserung von vornherein ausgeschlossen ist. Das ist insbesondere bei einigen angeborenen und vererbten Schädigungen und Fehlern der Fall, die auf einer organischen Gehirnveränderung beruhen. Ein neues Nervensystem läfst sich eben nicht schaffen. Man mufs da oft froh sein, wenn das Übel nicht fortschreitet.

Die meisten angeborenen wie erworbenen Fehler aber sind bei rechtzeitiger zweckmäfsiger Behandlung besserungsfähig, wenn auch nicht immer heilbar. Eine schwache Konstitution läfst sich z. B. kräftigen, ohne jedoch eine Durchschnittshöhe in den Leistungen erreichen zu können. Ein Kind, das um drei Jahre in seiner Geistesentwicklung zurückgeblieben ist, läfst sich selten auf die Stufe des Altersdurchschnitts bringen; doch ist schon viel gewonnen, wenn es fortan im gleichen Schritt seiner Nebenmänner vorwärts kommt und die Distanz der Entwicklungshöhe nicht noch gröfser wird.

Unter den besserungsfähigen psychopathischen Minderwertigkeiten endlich giebt es auch manche, die zugleich heilbar sind. Die durch Überanstrengungen oder durch verkehrte Behandlung in Pflege, Unterricht und Erziehung oder durch andere Zufälligkeiten erworbenen Fehler stehen hier oben an. Dennoch läfst sich hier wie dort Bestimmteres nur von Fall zu Fall sagen und eine weitere Darlegung hätte hier darum wenig Zweck.

Auch die Prognose ist hier ebenso sicher und unsicher wie bei allen körperlichen Krankheiten und Gebrechen. Der Arzt kann sich wohl den Verlauf eines bestimmten Krankheitsprozesses an sich vorstellen, allein alle die mitwirkenden Gelegenheitsursachen und ihre Folgen kann er unmöglich vorher bestimmen. So auch hier. Werden Pflege, Unterricht, Aufsicht und Erziehung zweckentsprechend ausgeführt, was oft nur in einer Anstalt möglich ist, und treten keine aufsergewöhnlichen Einflüsse wie körperliche Krankheiten, starke und andauernde Gemütsbewegungen u. s. w. auf, so läfst sich auch der geistig-sittliche Entwicklungsverlauf wohl absehen. Im andern Falle aber ist keinerlei Gewähr zu leisten, ob eine psychopathische Disposition sich nicht zu einer Belastung und weiter zu einer Degeneration oder gar zu einer Psychose steigern kann.

Weit wichtiger ist für Eltern, Lehrer und Kinderärzte das Wie der Behandlung.

Um eine zweckmäfsige Behandlungsweise vorschlagen zu können, ist zunächst notwendig, dafs man den **Entstehungsursachen** des betreffenden Falles genau nachforscht. Es ist das nicht leicht. Das Kind selbst kann höchst selten darüber irgend welche Auskunft geben. Und haben wir es mit einer angeborenen psychopathischen Minderwertigkeit zu thun, so wird von den Eltern und Angehörigen die erbliche Belastung selten hinreichend angegeben, namentlich dann nicht, wenn Syphilis oder Trunksucht in Frage kommen, so ungemein wichtig auch gerade diese Ursachen für die Behandlung sind.

In meiner Anstalt bediene ich mich zur Ermittlung der Entstehungsursachen eines Fragebogens, den ich von Eltern oder anderen Angehörigen beantworten lasse.

Derselbe forscht zugleich nach der **Entwicklung** des Zustandes, die ja für den weiteren Verlauf und die ganze Behandlung nicht minder wichtig ist.

Mit einigen kleinen Änderungen, die sich im Laufe der Zeit als erwünscht herausstellten, bringen wir ihn hiermit zum Abdruck.

I.

1. Name:
　　Ort, Tag und Jahr der Geburt:

Jetziger Aufenthaltsort:
Konfession:
2. Name, Stand (Beruf) und Wohnort des Vaters, bezw. der Mutter oder des Vormundes:
3. Zahl der Geschwister:
4. Das wievielte ist das in Frage stehende?
5. Sind die übrigen geistig und körperlich gesund oder mit welchen Leiden und Fehlern sind sie behaftet?

II.

Inwieweit ist die leibliche Entwicklung nicht normal verlaufen?

1. Ist etwas Besonderes über die Schwangerschaft mit dem Kinde (Krankheiten der Mutter, heftige Gemütsbewegungen, Angstzustände u. s. w.) oder über die Geburt desselben (Frühgeburt, Zangengeburt u. s. w.) zu berichten?
2. Ist das Kind gestillt worden? Von wem und wie lange? Kann daraus ein ungünstiger Einflufs hervorgegangen sein? (Ungenügende Ernährung durch die Mutter, Übertragung von Syphilis und andere Schädigungen durch die Ammen u. s. w.)
3. Wie oft und wann wurde es geimpft?
Wurden nach der Impfung Veränderungen bemerkbar?
4. Wann lernte das Kind gehen?
Wann lernte es sprechen? und wie entwickelte sich die Sprache?
5. Wann hörte das nächtliche Einnässen auf?
Oder findet dasselbe noch statt und wenn, regelmäfsig oder nur zeitweilig?
6. Welche Krankheiten hat das Kind überstanden? Hat es Masern, Scharlach, Diphtheritis, Blattern, Typhus, Rhachitis, Skrophulosis, Augen- und Ohrenkrankheiten, Rachen- oder Nasenübel, Keuchhusten, Kopfausschläge, Schlagflufs, Lähmung, Krämpfe, Epilepsie, Gehirnentzündung, Veitstanz u. s. w. gehabt? Und wenn, haben dieselben irgend welche Spuren zurückgelassen?
7. Sind direkte oder indirekte Kopfverletzungen, Hirnerschütterungen u. s. w. vorgekommen? und wenn, welche Folgen hatten dieselben?

8. Sind in der Familie des Kindes Geisteskrankheiten, Hirnkrankheiten, Nervenkrankheiten (insbesondere Epilepsie), Trunksucht, Syphilis, auffallende Charaktere, Verbrechen, Selbsttötungen, Geistesschwäche und dergl. vorgekommen? In welchem Verwandtschaftsverhältnis steht das Kind zu den damit behafteten oder damit behaftet gewesenen Personen?
9. Sind Vater und Mutter blutsverwandt und wenn, inwieweit?
10. Hat der Bau des Körpers (des Kopfes, des Halses, des Brustkorbes, des Unterleibes, der Haut, der Zähne u. s. w.) auffallende Merkmale?

Schielt das Kind?

11. Haben Haltung und Gang etwas Auffallendes?

Geht es vornübergebeugt, mit gestreckten oder mit gebogenen Beinen? U. s. w.

Ist das Kind träge, langsam, ruhig, lebhaft, unruhig, aufgeregt u. s. w.?

12. Sind die Hände normal gebildet?

Fühlen sie sich warm oder kalt und schlaff an?

Greift das Kind mit der rechten oder mit der linken Hand?

Kann es die Finger willkürlich spreizen und biegen?

Kann es allein essen und trinken?

Kann es sich vollständig aus- und ankleiden?

Sind irgendwelche Schwächen in den Hand- und Fingermuskeln vorhanden?

13. Zeigen sich auffallende Bewegungen (der Hände, der Beine, der Gesichtsmuskeln u. s. w.)?
14. Ist die Verdauungsthätigkeit eine normale? oder treten Störungen auf und wie?
15. Machen sich auch schon geschlechtliche Reize bemerkbar? (Ist bemerkt worden, dafs es onaniert?)
16. Wie schläft das Kind? Kommt nächtliches Aufschrecken oder Nachtwandeln vor?

III.

Ist das Kind in seinem Geistesleben normal, oder zeigen sich auffallende Schwächen, Einseitigkeiten oder Störungen?

Im letzten Falle:
1. Liegen Störungen der Sinne vor (Schwerhörigkeit, Kurzsichtigkeit, Fernsichtigkeit, leichte Erregbarkeit eines Sinnesorganes oder Stumpfheit eines solchen, Überempfindlichkeit der Haut, oder auch Unempfindlichkeit gegen Hautreize, hervorgerufen durch Wärme, Kälte, Schlag, Druck, Kitzel u. s. w.)?
2. Seit wann und worin zeigte sich ein Zurückbleiben hinter Gleichaltrigen? Oder besitzt es hervorragende Begabung und worin?
Wurden andere auffallende Abweichungen bemerkt? und welche? (Gedächtnisschwäche, Mangel an Aufmerksamkeit, Zerstreutheit, Zerfahrenheit, Mangel an Auffassungsfähigkeit, an Einbildungskraft u. s. w. — oder auffallende entgegengesetzte Veranlagung?)
3. Ist es bereits unterrichtet worden?
Wo, von wem und wie lange?
Wie war der Erfolg?
In welchen Unterrichtsfächern ist es am leistungsfähigsten?
In welchen Gegenständen zeigte sich der geringste Erfolg? und welches war die vermeintliche Ursache?
4. Wie weit sind die Farbenvorstellungen ausgebildet? (Welche Farben werden unterschieden?)
Wie die Zahlvorstellungen (was etwa kann es mit Verständnis sicher berechnen)?
Wie die Zeitvorstellungen? (Welche Zeitabschnitte seines Lebens stellt es sich deutlich vor? Inwieweit die der Geschichte u. s. w.?)
5. Kann es etwas verständlich und frei wiedererzählen, und was etwa?
6. Sind Sprachstörungen (Stammeln, Stottern, eine sich überstürzende oder verlangsamte Redeweise u. s. w.) vorhanden?

IV.

Sind abnorme Erscheinungen im Gefühlsleben und im sittlichen Charakter bemerkt worden?
1. Hat es krankhafte Angstzustände? und wie äufsern sich diese?

2. Ist das Kind mehr heiter oder mehr traurig gestimmt?
3. Ist es teilnehmend oder gleichgültig oder schadenfroh gegen das Weh anderer? Neckt es gern andere und zankt es leicht oder ist es verträglich?
Ist es mitteilsam oder selbstsüchtig?
gesellig oder abgeschlossen?
gutmütig oder bösartig?
Zeigt es sich launenhaft, trotzig, heftig, jähzornig u. s. w.? und bei welcher Gelegenheit?
4. Zeigt es normale Eltern- und Geschwisterliebe? Oder will es Eltern und Geschwister nur zur Verwirklichung selbstsüchtiger Zwecke verwenden?
Gehorcht es willig? wenn nicht, wie äufsert sich der Ungehorsam?
5. Zeigt es für andere gefährliche Charaktereigenschaften? und wie äufsern sich diese?
6. Macht das Kind der Führung (Erziehung) noch aufserdem besondere Schwierigkeit? Wenn, worin besteht dieselbe?
7. Hat es besondere Angewohnheiten, Anlagen, Sonderbarkeiten und Liebhabereien?

V.

Sind die Thätigkeitsäufserungen normal?
1. Beschäftigt es sich (lernt und spielt es) gern und von selbst?
2. Womit beschäftigt es sich am liebsten?
3. Ist es in praktischen Dingen geschickt oder unbeholfen?
4. Wird es durch irgendwelche Lähmung oder Steifheit seiner Organe im Handeln behindert?
5. Wofür hat es besonderes Interesse und Geschick?

VI.

1. Sind für die abnormen seelischen Zustände noch besondere Ursachen aufzufinden, wie:
Erziehungsfehler?
körperliche und geistige Überanstrengung?
oder lange gewohnte Unthätigkeit?

heftige Gemütsbewegungen?
heftiger Schreck oder Angst oder Furcht?
2. Sind die abnormen Zustände dauernde oder vorübergehende? In letztem Falle: treten sie periodisch auf und in wie langen Zwischenräumen?
3. Welche ärztlichen wie erzieherischen Mittel wurden bisher angewendet zur Beseitigung der abnormen Zustände? Von wem und mit welchem Erfolge?

Sind so Entstehungsursachen und bisherige Entwicklung der fehlerhaften Erscheinungen möglichst sicher ermittelt, so ergiebt sich manches für die Behandlung schon von selber. Zunächst wollen die Ursachen beseitigt sein. Das ist natürlich nur möglich, wenn man sie kennt, und nicht selten nur dadurch, dafs das Kind aus der alten Umgebung vorübergehend oder dauernd entfernt wird. Ist z. B. ein Kind mit krankhaft gesteigerter Reizbarkeit behaftet und die Mutter, welche es zu erziehen hat, selber nervös oder gar hysterisch, so wird der erziehliche Einflufs der Mutter das Übel täglich steigern. Oder ist ein Kind launenhaft und scheu zugleich, und der Vater ein Trinker oder ein jähzorniger Mensch, so kann das Übel sich ebenfalls nicht bessern, denn es erhält täglich neue Nahrung. Sehr häufig findet man auch, dafs Eigenschaften der Eltern zwar hervorstechen, aber noch ganz in der Gesundheitsbreite liegen, während bei einem Kinde dieselben als pathologisch auftreten. Die Willensstärke eines Vaters, welche grofse Leistungen ermöglichte, kann bei einem psychopathisch minderwertigen Sohne als Eigensinn, Zerstörungstrieb, Launenhaftigkeit zu Tage treten, eine künstlerische Begabung als krankhaft gesteigerte Phantasie, als Gröfsenwahn u. s. w. Selbst in solchen Fällen findet das Zerrbild durch die gesund erscheinenden vorbildlichen Eigenschaften der Eltern stetig neue Nahrung, die ihm nur durch andere indifferente Beeinflussung entzogen werden kann.

Nicht selten hindert auch die Affenliebe der elterlichen Umgebung die Gesundung. Was man einem normalen Kinde unter keinen Umständen gewähren würde, das mufs dem abnormen unbedingt werden. Ein Kind, an Intellekt und Gemüt geschwächt, soll Empfindungen wie normale Kinder besitzen, und in dieser Täuschung wird dem Kinde oft das Undenkbarste zu willen gethan. Es beherrscht die Umgebung, der es sich unbedingt unterordnen sollte. Die Schwächen der Eltern wissen solche Kinder in auffallender Weise auszunutzen.

Oft sind belastete Kinder im Elternhaus auch einem Dienst- und Pflegepersonal überlassen, dem jedes Verständnis für solche Erscheinungen fehlt, und das sie darum vollends auf falsche Bahnen lenkt.

Nicht selten sind es auch die Geschwister und Mitschüler, welche die Fehler zum Gegenstande des Spottes, der Neckereien und Hänseleien machen und dadurch das Übel vermehren und das damit behaftete Kind scheu, zurückhaltend oder boshaft machen.

Unter solchen Umständen sollte ein psychopathisch minderwertiges Kind so früh als möglich längere Zeit in geeignetere Umgebung kommen.

Aber wohin?

Gegen eine Anstaltserziehung herrscht vielfach eine starke Abneigung. Es mag das vielleicht daher kommen, dafs die öffentlichen oder auf Wohlthätigkeit begründeten Anstalten für Schwachsinnige solche Kinder massenweise anhäufen und der Individualität nach keiner Seite hin Genüge leisten können. Dennoch habe ich mich durch wiederholte Besuche überzeugt, dafs die Mehrzahl dieser Kinder hier besser aufgehoben ist als daheim. Aufserdem gab es aufser für Schwachsinnige, Blödsinnige, Epileptische, Taubstumme und Blinde keine besondere Anstalten für die Form der Minderwertigkeiten, welche unsere Schrift besonders im Auge hat. Wiederholt wurden Eltern von Ärzten Anstalten für Schwachsinnige empfohlen; allein nicht ohne Grund erklärten jene, ihr Kind sei eigentlich nicht schwachsinnig, und sie könnten sich nicht für eine solche Anstalt entscheiden, wie denn auch ein solcher Fall den Anstofs zur Gründung meiner Anstalt gab.

Über Anstalts- und Familienerziehung ist im letzten Jahrzehnt in der Tagespresse viel gestritten worden. Jede Art hat ja auch ihre Vorzüge und Nachteile. Kann ein Kind nicht im Elternhause erzogen werden, so ist eine andere Familie ebenso fremd wie eine Anstalt, und das Kind ist immer Stiefkind in derselben. Auch hat das fremde Familienoberhaupt stets eine andere Lebensaufgabe, als ein schwer erziehbares Kind zu behandeln. Das Studium seiner Eigenart und die ganze Bildung und Erziehung kann darum nur nebenbei geschehen. Gewöhnlich wählt man eine Pfarrersfamilie auf dem Lande. Der Pfarrer ist aber zunächst Geistlicher und hat als solcher eine volle Kraft einzusetzen. Hinzu kommt noch, dafs die Geistlichen selten ein pädagogisches Interesse bekunden, sofern es nicht mit der Schulaufsichtsfrage zusammenfällt. Obgleich die Seelsorge nichts als Erzieherarbeit ist, so ist ihre pädagogische Vorbildung ebenso gering wie die der Philologen. Sie durch ein sechswöchentliches Hospitieren an einem Volksschullehrerseminar erwerben zu wollen, heifst die Aufgaben der Erziehung nicht einmal ahnen. „Unsere pädagogische Bildung genügt nicht einmal für den pfarramtlichen Beruf, geschweige denn für die Schule," klagt ein rheinischer Pfarrer.*) Wie denn für die Erziehung psychopathisch Minderwertiger? Solange allerdings die Aufgabe vorwiegend im „Lernen" erblickt wird, wird man natürlich anderer Meinung sein.

Kommt es jedoch nur darauf an, die Kinder aus einer ungünstigen elterlichen Umgebung in eine gesundere Luft zu versetzen, so stehen unsere evangelischen Pfarrerfamilien immer oben an. Namentlich finden junge Mädchen dort oft am meisten, was ihnen heilsam ist: eine gesunde Familienluft und ein ruhiges Leben.

Dasselbe gilt von den Lehrerfamilien. Nur steht der Lehrer den Erziehungsfragen im allgemeinen näher als der Pfarrer, während er andrerseits beruflich mehr überbürdet ist.

Trotz aller Vorzüge des kleineren Familienkreises kann jedoch selten eine rationelle körperliche wie seelische Behandlung hier Platz greifen, wie wir sie hernach als notwendig darlegen werden. Bäder, diätetische Kuren, Massage, Heilgymnastik, individualisierender Unterricht u. s. w. sind oft beim besten Willen in den ländlichen Familien nicht durchzuführen.

---

*) Ein Wort zum Recht und zum Frieden in der Schulaufsichtsfrage. Ev. Schulblatt 1885.

Manchmal wird auch ein schwach befähigtes Kind mit häuslichen Arbeiten in solchen Pensionen oft noch mehr als im Elternhause überbürdet. Wiederholt kommt es auch vor, dafs aus Unkenntnis Biertrinken und Cigarrenrauchen schon 14jährigen Knaben gestattet wird, deren nervöse Konstitution jeden derartigen Genufs überhaupt verbietet. Allen diesen Gefahren ist ein solches Kind in Anstalten nicht ausgesetzt. Die Anstalten sind nur für solche Kinder da. Die Erzieher, Lehrer und Pfleger derselben haben ihre Berufsarbeit in der erziehlichen Behandlung solcher Kinder. Alle Einrichtungen und Mafsnahmen werden für sie getroffen. Was ihnen nicht heilsam ist, wird fern gehalten. In der Anstalt ist das Kind nie Anhängsel oder Stiefkind. Es ist vollwertiges Glied einer gröfseren Familie.

Eine immer wiederkehrende Befürchtung der Eltern ist die, dafs ihr Kind in einer Anstalt mit Tieferstehenden, ja gar mit einem schwachsinnigen Kinde in Berührung kommen kann, und die meisten atmen froh auf, wenn sie bei uns keine auffallend Schwachsinnige finden. Allein darin liegt selten eine Gefahr. Nicht der Ultimus einer Klasse ist andern gefährlich, selbst wenn er ein Galgenstrick ist, sondern in erster Linie der Primus, sofern er Untugenden zur Schau trägt. Wie nachahmungssüchtige Frauen sich nicht nach den Bettlerinnen, sondern nach den höchsten Schichten der Gesellschaft in ihren Moden und ihrem Benehmen richten, so auch ein Kind. Tieferstehenden ahmen sie selten etwas nach — zumal wenn eine besondere Überwachung vorhanden ist, die sie sofort auf das Fehlerhafte aufmerksam machen würde — wohl aber geistig Höherstehenden. Wie im socialen Leben, so fürchtet man vielfach auch hier nichts Gefährliches bei den Freundschaften mit Hunden und Pferden, die doch die Stufe eines schwach befähigten Menschen wohl nie ganz erreichen. Es ist für die sociale Erziehung jedoch nichts nötiger, als dafs der Mensch frühzeitig lerne, mit allem, was Menschenantlitz trägt, menschlich zu verkehren. Um seiner selbst willen ist das nötig. Wir mischen in unserer Anstalt darum grundsätzlich nicht blofs die Geschlechter, sondern auch die Altersstufen, unser Vorbild in der Familie suchend. Der ausschliefsliche

Verkehr mit Gleichstehenden und Gleichgearteten mufs die Charakterbildung notwendig einseitig beeinflussen.

Immerhin wäre von Fall zu Fall zu prüfen, ob eine ärztliche und heilpädagogische Behandlung im Elternhause, oder ob die vorübergehende Übersiedelung in eine andere zuverlässige Familie, oder ob die Unterbringung in einer Anstalt das empfehlenswertere ist. Generell möchte ich das keineswegs entscheiden.

Ebensowenig lassen sich allgemeingültige Vorschriften für die Art der Behandlung geben. Sie wird sich stets nach dem einzelnen Falle richten müssen. Doch ist unbedingt erforderlich, dafs ärztliche und pädagogische Mafsnahmen Hand in Hand gehen. Zwei einander ähnlich sehende Fälle verlangen gar oft eine grundverschiedene Pflege wie Erziehung.

Im allgemeinen gilt nun zunächst, die körperlichen Schäden zu heilen und die Schwächen zu kräftigen, soweit es möglich ist. Unterricht und Erziehung dürfen erst in zweiter Linie in Betracht kommen.

Was da zu thun ist, mufs zuoberst der Arzt bestimmen. Nur einige allgemeine Gesichtspunkte wagen wir hier zu bieten.

Wie der ganze Körper, so sind auch Nerven und Gehirn oft ungenügend genährt. Dann ist eine überschüssige Ernährung notwendig. Die von Professor Binswanger in Deutschland zur Anwendung gebrachte Weir-Mitchelsche Kur leistet uns hierin gute Dienste.

Grundsätzlich schliefsen wir dagegen jedes alkoholhaltige Getränk sowie Thee und Kaffee aus. Die Nervengesundheit manchen Kindes ist hierdurch ruiniert worden.*) Zum Glück kommen auch die Ärzte immer mehr davon zurück, schwächlichen Kindern, ja schon Säuglingen mit Tokaier und anderen Weinen helfen zu wollen. Mögen Alkohol, Morphium u. a. Gifte ein wertvolles Mittel in der Hand des Arztes bei der Behandlung des Erwachsenen bleiben, zum „täglichen Brote" unserer Kinder gehören sie auf keinen Fall; sie sind namentlich für neuro- und psychopathisch geschädigte Kinder geradezu gefährlich. Gegen etwaige Erregungszustände stehen

---

*) Näheres in der Schrift von Dr. R. Demme, Professor in Bern, Über den Einflufs des Alkohols auf den Organismus der Kinder. Stuttgart 1891.

harmlosere Mittel als das Morphium zur Verfügung, so z. B. namentlich die Bromsalze.

Hand in Hand mit einer zweckmäfsigeren Ernährung mufs oft Heilgymnastik, Massage, hydropathische und manchmal auch elektrische Behandlung gehen, abwechselnd mit geistiger und körperlicher Beschäftigung, Bewegung in freier Luft und Bettruhe — wie es jene Kur verlangt. Der erziehlich-unterrichtlichen Behandlung sind damit schon bestimmte Schranken gezogen. Eine einseitige geistige Überbürdung ist dabei kaum noch möglich, da es an Zeit dafür fehlen würde.

Ist aber das Körperliche anscheinend intakt, so dafs dafür keine besondere Behandlung erforderlich ist, so ist dennoch unbedingt neben vermehrter Ruhe eine Steigerung der körperlichen Bewegungen durch tägliche Turnübungen, durch Handarbeiten, insbesondere im Garten, durch Spaziergänge, Spiele im Freien u. s. w. zu erstreben. Auch bedarf zwischen den einzelnen Stunden ein schwaches Hirn eine längere Pause zum Ausruhen, als man sie ihm gewöhnlich zu teil werden läfst. Ebenso erträgt es selten dieselbe Anzahl der täglichen Stunden für geistige Arbeit wie ein rüstiges Gehirn. Die Arbeit ist ja ohnehin schon für dasselbe eine gröfsere Last.

Was so an Quantität der geistigen Ausbildung verloren geht, mufs durch die Qualität möglichst zu ersetzen gesucht werden.

Die Vorbedingung dafür ist eine gute und sichere Regierung der Kinder, welche die Eingewöhnung in Sitte und Ordnung zur Aufgabe hat.

Sie mufs zunächst dafür sorgen, dafs das Kind vor Affekterregungen allerlei Art bewahrt bleibt. Wenn ein Pädagoge in den wüsten Lärm eines Schulspielplatzes hineinruft: „Gott segne euren heillosen Skandal!" so können wir in dem erregten Toben, Jagen und Schreien keinen Gottessegen finden.

Ruhe sollte auch der Kinder erste Pflicht sein. Selbst beim fröhlichsten Spiel sollte doch die Ruhe und die Selbstbeherrschung nicht aufser acht gelassen werden. Gewifs hat Jean Paul recht, wenn er sagt: „Heiterkeit ist der Himmel, unter dem alles gedeiht, Gift ausgenommen." Allein ein heiterer Himmel ist nur angenehm bei ruhigem Winde. Der scharfe Ost schadet den Nutzpflanzen noch mehr wie den Giftpflanzen.

„Ach! unsre Freuden selbst, so gut wie unsre Leiden, Sie hemmen unsres Lebens Gang!"

Namentlich bei Kindern mit gesteigerter Erregbarkeit kann man nicht genug auf ruhiges Verhalten achten. „Kühl bis ans Herz hinan," ist ihnen heilsamer als das aufregende Necken, Haschen und — Liebkosen. Wenn manches weibliche und weichliche Gemüt ahnte, welchen dauernden Schaden es oft durch das Herzen, Kosen und Küssen bei den reizbar schwachen Naturen anrichtet, so würde es sich gerade in diesem Punkte mehr Zurückhaltung auferlegen. Es kann dem Kinde einen gröfseren Liebesdienst erweisen, wenn es zeitig dafür sorgt, dafs das Kind lernt, der Begriff „lieb haben" hat einen tieferen sittlichen Inhalt und ist etwas mehr, als die Äufserungen der körperlichen Affekte des Liebkosens. „Gehorsam ist besser denn Opfer." „Die Liebe ist des Gesetzes Erfüllung." „Sie stellt sich nicht ungebärdig; sie suchet nicht das Ihre."

Die Regierung mufs sodann für unbedingten Gehorsam sorgen. Schlimm ist es, wenn ein gesundes Kind nicht folgt, also die Autorität der Eltern und Erzieher nicht respektiert. Weit schlimmer aber ist es bei Kindern mit psychopathischen Minderwertigkeiten. Man hat die Zügel vieler krankhafter Regungen nur dann in der Hand, wenn das Kind aus unbedingtem Vertrauen freudig der Stimme des Erziehers folgt. Fehlerhafte Kinder wollen vor allem konsequent regiert sein.

Ein Ähnliches gilt von allen andern mittelbaren Tugenden, von der Ordnung, der Pünktlichkeit, der Reinlichkeit, der Sparsamkeit u. s. w.

Lessing sagt einmal von sich: „Ich kann meine sittliche Würde von mir werfen, um sie in jedem Augenblicke wieder aufzunehmen." Für einen Kopf und Charakter wie Lessing mag das zutreffen, unsere problematischen Kindesnaturen vermögen das nicht. Darum sollten wir sie doppelt sorgfältig vor jeder sittlichen Entwürdigung hüten. Eine Aufsicht sollte geübt werden, ohne dafs sie es merken; bei Tag wie bei Nacht. Und dennoch dürfen wir uns nicht verhehlen, dafs auch die gewissenhafteste Aufsicht im Elternhause wie in Anstalten die empfänglichen Naturen nicht immer vor dem Anfliegen unsittlicher Ansteckungsstoffe zu schützen vermag. Weil die Erfüllung der Forderungen der Regierung, obgleich sie es nur auf das äufsere Verhalten, auf die Einfügung in Sitte und Ordnung abgesehen hat, den nervösen Kindern oft so schwer fällt, so sind bestimmte Übungen dafür erforderlich. Wir fassen darum auch das Turnen in erster Linie nicht als Unterrichtsgegenstand, sondern als Mafsnahme der Regierung auf.*) Das Kind mufs hier lernen, seiner unruhigen Glieder Herr zu werden. Erst wenn es das erreicht hat, wird es auch vermögen, sie in den Dienst sittlicher Ideen zu stellen. Wir lassen darum täglich eine Stunde turnen oder wandern.

Aus ähnlichem Grunde sind auch die gemeinsamen Bewegungsspiele sehr zu pflegen. Psychopathisch veranlagte Kinder haben oft eine antisociale Neigung, und eine um so stärkere, je erregter sie sind und je tiefer sie in intellektueller Hinsicht stehen. Sollier**) nennt alle Imbecillen antisocial. Wir halten diese Behauptung wie viele andere bei ihm für einseitig und übertrieben. Viel Wahres liegt aber darin. Die Aufmerksamkeit solcher Kinder konzentriert sich zu sehr auf das Ich; einmal, weil ihr Ich eine gröfsere Aufmerksamkeit als das eines normalen erfordert, sodann aber, weil die Affenliebe so mancher Mutter alles dem Ich ihres Kindes unterordnet, selbst dann schon, wenn das Kind die Ich-Vorstellung noch gar nicht gebildet hat. Was sich darum später den eigenen Neigungen und Wollungen nicht unterordnen will, schafft Aufgeregtheit und ruft Eigensinn hervor, der sich bis zum Jähzorn und zur Bosheit steigern kann.

Aus diesem Grunde ist auch die Einzelerziehung eines solchen Kindes oft geradezu gefährlich. Sociale Eigenschaften kann ein Kind nur in Gemeinschaft anderer Kinder erwerben, die ihm gleich stehen, oder denen es überlegen ist. Hierin

---

*) Vergl. unser „Tagebuch für Unterricht und Erziehung" nebst „Begleitwort".
**) Idiot und Imbecille.

liegt, wie gesagt, auch ein Vorzug der Anstaltserziehung gegenüber den Familienpensionen. Auch die Werkstattsarbeit, die Gartenpflege, manche Fröbelsche Beschäftigungen und für Mädchen insbesondere die gröberen wirtschaftlichen Arbeiten in Haus und Küche sind für die Regierung der Kinder wie für ihre sociale Erziehung und praktische Bildung ungemein wichtig. Zweckmäfsige Beschäftigungen schaffen Ruhe, geben Sicherheit und halten Ungezogenheiten und Laster fern. Es ist bedauerlich für die Gesunden, dafs bei uns Deutschen — allerdings noch mehr bei den in der ganzen Welt zerstreuten Juden — die körperliche Arbeit als eine Last, ja als ein Fluch der Menschheit betrachtet wird, wie sie die heilige Schrift der Juden (Genesis 3, 17—19) auch darzustellen scheint.*) Weit folgenschwerer ist diese Anschauung für die neuro- und psychopathisch belastete Menschheit, für die Einzelnen wie für die nervösen grofsen Städte, deren geistig wie körperlich leistungsfähiger produktiver Nachwuchs deswegen zum grofsen Teil aus der Provinz stammt.

Die Sorge für eine zweckmäfsige Regierung durch Aufsicht und Beschäftigung ist somit von ungemeiner Wichtigkeit. —

Mehr noch als die Mafsnahmen der Regierung hat jedoch der Unterricht auf die Zustände des Einzelnen Rücksicht zu nehmen.

Die psychopathisch veranlagten Kinder dürfen nicht sehr angestrengt werden und doch ist auch ihnen eine möglichst hohe Entwicklung des geistigen Lebens zu wünschen. Hier gilt vor allem die Anwendung des Sprichwortes: „Mit vielem hält man Haus, mit wenigem kommt man aus." **Aller und jeder überflüssige Ballast**, wovon die öffentlichen Schulen viel mit sich schleppen, **mufs vor allem über Bord geworfen werden.**

Alsdann mufs man dem Kinde für seine Entwicklung mehr Zeit lassen. Es kann und darf täglich nicht so

---

*) Insbesondere wäre Geistlichen und Lehrern ein stärkeres Interesse für körperliche Arbeit zu wünschen. Sie könnten dann doppelt so segensreich wirken. Es hält schwer, gebildete Personen als Lehrer, Erzieherinnen und Pflegerinnen zu finden, welche mit Freuden durch eigenes Zupacken zur Arbeit zu erziehen vermögen.

lange und so viel wie ein normales arbeiten, obgleich es leider infolge von pädagogischem und psychopathischem Unverstand so oft das Umgekehrte thun mufs. Dem schwächlichen und gebrechlichen Hirn verlängere man darum von vornherein die Schulzeit um einige Jahre und stecke ihm obendrein niedrigere Bildungs- und Berechtigungsziele. Dann kommt es wahrscheinlich auch sicher an ein bestimmtes Ziel. Im andern Falle ist der Schiffbruch unausbleiblich. Die landläufigen und hergebrachten Lehrpläne sind aus diesen Gründen für viele der in Frage stehenden Kinder durchaus nicht zu gebrauchen. Die eine Hälfte halten wir für überflüssig und die andere für minderwertig, sofern es uns darauf ankommt, anstatt nachsprechende oder nur andern nachdenkende und nachahmende Menschen selbstthätige und selbständig denkende und handelnde, sittlichen Maximen folgende Charaktere heranzubilden. Schon Herbart hat diese Frage in tiefsinniger Weise wiederholt erörtert; allein sie steht im allgemeinen noch fast genau so, wie zu Anfang des Jahrhunderts. Man scheut sich vor einer Lehrplantheorie und läfst sich von Mephisto vorreden, dafs sie wie alle Theorie „grau" sei.*) Wir können nicht umhin, ein Wort unseres Altmeisters einer wissenschaftlichen Pädagogik den Lesern in die Erinnerung zurückzurufen, ein Wort „über die Ökonomie der Pädagogik".**)

„Die Einwendungen der Finanzen — so sagt er — zerstören die schönsten Pläne; — dem Pädagogen ist die Zeit das kostbare Gut, was er aufs wirtschaftlichste unter die verschiedene Geschäfte, welche Anspruch darauf machen, zu verteilen hat. — Wird dies alles (was für die praktische, die moralische, die ästhetische und die allgemeine Bildung der Zöglinge Anspruch darauf macht), in seine Abteilungen und Unterabteilungen wohl zerlegt, gleichsam auf eine Tafel neben-

---

*) Näheres im „Begleitwort" zu unserm Tagebuch für „Erziehung und Unterricht" sowie in Dörpfeld, Grundlinien einer Theorie des Lehrplans. Gütersloh 1873.
**) Herbart, Pestalozzis Idee eines ABC der Anschauung, als ein Cyklus von Vorübungen im Auffassen der Gestalten wissenschaftlich ausgeführt. Willmannsche Ausgabe. Langensalza 1880. Bd. I, S. 131 ff.

einandergelegt, damit das Nötigste von dem minder Nötigen geschieden, und jedem Jahr und Stunde angewiesen werde: so kann der Pädagoge nicht anders, als über die furchtbare Masse erschrecken, sich selbst, und den armen Kopf eines Knaben bedauern, in den so viele, so heterogene Dinge eingezwängt werden müssen! Vollends trübe wird diese Aussicht, wenn man sich erinnert, dafs doch eigentlich alles, was Wissenschaft heifst, ursprünglich aus einem wahren und unschätzbaren Wohlgefühl des Geistes bei dem Erfinder hervorging, dafs eben daher Erheiterung und Erhebung seine wahre Bestimmung bleibt, — und dafs jetzt, da alle diese Wohlthaten sich stundenweise in den Kopf des Knaben einpressen wollen, nicht nur der Kopf von ihnen gedrückt, sondern auch das Herz, die tiefere, feinere, teilnehmende Empfindung, von ihnen nach den entgegengesetzten Seiten auseinander gespannt, gezerrt, gerissen werden wird, dafs schlechterdings die Lust an dem einen, Unlust an vielem andern, was störend dazwischen tritt, erzeugen mufs, — dafs also mit dem mutigern Kopfe, der sich diese Teilung des Gemütes nicht gefallen läfst, die Erziehung in beständigem Kriege leben, und dafs sie der schöneren, sanfteren Seele, die sich keinen Mangel an Folgsamkeit verzeihen mag, eine ununterbrochene Reihe von Kränkungen zufügen wird. Statt den aufstrebenden Ideen zu helfen, wird sie sie durcheinander zerstören; statt die Empfindungen mit immer neuer Wärme zu erquicken, wird sie sie durcheinander erkälten und töten."

„Sollte der Verfasser den eigentlichen Anfangspunkt einer auf den Grund dringenden pädagogischen Einsicht angeben: so fände er ihn in einer tiefen Besinnung an diese Wahrheit. Eine solche Besinnung ist es, wodurch Pestalozzi getrieben wird, nach bestimmten Reihenfolgen im Unterricht zu suchen. Einer solchen Besinnung haben wir die Idee des ABC der Anschauung zu verdanken."

„Die ganze Vorstellungsart, als seien die Gegenstände des Unterrichts eine Masse, deren Teile alle nebeneinander liegen, — welcher Vorstellungsart die Pädagogen zwar nicht systematisch, aber sehr gewöhnlich folgen, — ist von Grund aus verkehrt. — — Es soll der Geist des Zöglings nicht etwa ebenso viele einzelne Kräfte, — ebenso viele kleine Stückchen von seiner gesamten Lernfähigkeit abgetrennt darreichen, als der Unterricht Auffassungen von ihm verlangt. Die Lernfähigkeit ist vielmehr eine intensive Gröfse, welche durch eine, ihr entsprechende, Solidität des Unterrichts in einem fertigen Zuge fortdauernd ausgefüllt werden mufs. Zwar läfst sich dies hier nicht, wie eigentlich nötig wäre, in spekulativer Schärfe erörtern. Aber so viel ist leicht einzusehen: erstlich, dafs man der Verlegenheit, welche der Mangel an Zeit bei der Menge des Unterrichts verursacht, nicht vorteilhafter entgehen könne, als indem man den innern Gehalt, das Gewicht dessen, was in jeder Stunde gelehrt wird, vermehrt und verstärkt; — wodurch eine grofse Menge der vorhin gemachten Abteilungen und Unterabteilungen wieder zusammen schwinden wird. Zweitens, dafs jede Stunde eines soliden Unterrichts eine Kraft in dem Gemüte des Zöglings zurückläfst; und dafs man die, durch verschiedene Arten des Unterrichts erzeugten Kräfte konservieren, folglich sie hüten müsse, einander zuwider zu streben und zu wirken; (welches sonst jenen Streit der Empfindungen und jene Betäubung des Geistes verursacht, bei der an keine Selbständigkeit des Charakters zu denken ist). Drittens, dafs man im Gegenteil die einmal erzeugten Kräfte, mit möglichstem Vorteil, vereinigt gebrauchen müsse, um dadurch immer und immer mehr zu gewinnen. Viertens, dafs man demzufolge bei der Verteilung der Unterrichtsstoffe auf Jahre und Stunden, vor allem dahin zu sehen habe, welches die brauchbarsten und stärksten dieser Kräfte seien, — damit man sich diese am ersten und am sorgfältigsten verschaffe, — und wie man den ganzen Fortgang so einrichten könne, dafs nie eine Kraft müfsig liege, dafs vielmehr jedesmal alle vorher erzeugten in der ganzen nachfolgenden Zeit beständig in voller Arbeit wirken mögen."

„Ein Haupterfordernis eines guten pädagogischen Planes besteht darin: dafs er geschmeidig genug sei, um sich den verschiedenen Fähigkeiten anzupassen. Wo mehrere zugleich unterrichtet werden sollen, da vorzüglich bedarf es der Kunst, den schnelleren Köpfen freie Bewegung zu verschaffen; ohne sie von der allgemeinen Strafse, auf welcher die Menge fortgeht, zu entfernen oder sie gar einen Vorsprung gewinnen zu lassen, durch den die Gesellschaft getrennt würde. Das gemeine Verfahren, nach den Mittelmäfsigen das Mafs zu nehmen, und daherein alle zu zwängen, ist offenbar nachteilig für die meisten, und für die besten; dies Mafs ist zugleich zu grofs und zu klein, — zu klein gerade für die, deren Bildung sich am meisten belohnen würde.*) — Um jene Geschmeidigkeit des Plans zu erhalten, mufs das, was zur Hauptidee desselben wesentlich und notwendig gehört, genau geschieden werden von den blofs nützlichen Erweiterungen; solcher Erweiterung aber mufs man genug in Bereitschaft haben, — man mufs mit Leichtigkeit in sie zu lenken wissen, — und sie müssen, als für die Fähigeren bestimmt, zu etwas höheren wissenschaftlichen Stufen hinaufleiten." —

Eine solche „Ökonomie" ist notwendig im Unterrichte für gesunde Kinder, unerläfslich aber für Kinder, welche mit seelischen Minderwertigkeiten behaftet sind. Was aus den gesunden und kräftigen wird, das wird oft trotz der verkehrtesten Pläne und Methoden. Das Verdienst der Erziehung ist es nicht. Bei jenen Kindern mufs jedoch die Einsicht und die Kunst des Erziehers ersetzen, was die Natur ihnen versagt hat. Er mufs darum eine besondere pädagogische Durchbildung besitzen, der geschickte Pläne zu entwerfen versteht.

Weil der seelische Aufbau, den der Erzieher bei psychopathisch Minderwertigen vorfindet, hier Lücken, dort Verbildungen und anderswo wiederum defekte Stellen aufzuweisen hat, so mufs er dieselben zu erkennen, wie nach Möglichkeit eine Harmonie zu erzeugen vermögen. Oft ist es sogar notwendig, dafs der ganze Bau abgetragen werde bis auf die Fundamente.

Von den Verbildungen ein paar Beispiele. Sie können frühzeitig vermieden werden, so dafs ein deutlicher Hinweis sich verlohnt.

Einen klassischen, immer wiederkehrenden Typus bietet Goethe im Götz von Berlichingen, wo der Sohn „vor lauter Gelehrsamkeit seinen eigenen Vater nicht kennt."

Ein Mädchen von einer höheren Töchterschule einer Grofs-

---

*) Zu grofs dagegen für alle mit geschwächtem Gehirn.

stadt kam zu uns mit genau 10 Pfund gedruckten Buchstaben, darunter ein Lehrbuch der Geschichte, Geschichtstabellen, ein Liederbuch, eine Schule des Kunstgesanges u. s. w. „Wann regierte Karl der Grofse?" Sofort erfolgte die Antwort: „768 bis 814." Desgleichen: „7 × 8 = 56." Aber: „Wie viel sind 4 + 3?" dazu ist eine Pause von 5 Minuten erforderlich, um die Antwort: „4 + 3 = 8" geben zu können. Die zur Gewohnheit gewordene wortmäfsige, papageienartige Aneignung von Lernstoffen hindert das Mädchen noch nach Jahr und Tag, etwas selbstthätig zu erfassen und auszudrücken. Ihre französischen Vokabeln, ihre Geschichtstabellen, ihr fliefsendes Lesen, ihre Fähigkeit, leicht ein Gedicht zu memorieren, ihr Alter von 12 Jahren schützten sie nicht davor, die Lehrstoffe des ersten Schuljahrs wieder durchzuarbeiten.

Ein Tertianer, dem der Verbalismus zum Ekel geworden war, und der keinerlei Interesse mehr am Lernen hatte, gewann es wieder, als er in einem Nebenzimmer seine Aufgaben unberührt liefs und durch die Thür lauschte, wie ich kleinen Kindern Märchen erzählte. Bald griff er dann auch von selber wieder zur Lektüre eines Buches: er fing an, diese Märchen zu lesen. An demselben wuchsen weitere geistige Interessen empor und nach einem Jahre arbeitete er in vielen Fächern wieder mit Lust und Liebe, allerdings nur, wenn sie ihm in geniefsbaren Formen geboten wurden.

Solchen Kindern gegenüber handelt man darum stets am zweckmäfsigsten, wenn man mit den unterrichtlichen Ansprüchen so weit herabgeht, bis sie dem Stoffe volles Interesse und Verständnis entgegenbringen und denselben verdauen können.

Auch älteren Kindern ist geistige Milch oft noch sehr dienlich, insbesondere dann, wenn ihr geistiger Magen gründlich verdorben worden.

Andere Kinder wiederum zeigen nicht das Bild der Erschöpftheit. Sie sind im Gegenteil aus psychopathischen Ursachen seelisch sehr erregt und verfolgen Dinge mit krankhaft gesteigertem Interesse.

Ein zwölfjähriger stark belasteter Knabe, der im Religionsunterricht statt mit kindlichen Vorstellungen anscheinend mit theologischen Dogmen genährt worden war, beschäftigte sich unausgesetzt mit den Problemen von Sünde und Erlösung. Eines Morgens giebt er beim Erwachen die Erklärung ab, Christus könne unsere Sünden nicht alle allein tragen. Es müsse noch ein Erlöser in die Welt kommen.

Ein gesundes, kindliches Denken läfst sich hier nur erstreben, indem man mit ihm religiöse Stoffe bespricht, welche die einfachsten sittlichen Vorstellungen klar zur Anschauung bringen, etwa die in den landläufigen Plänen der ersten Schuljahre vorgeschriebenen. Bewundert man dagegen das religiöse Denken des Knaben und giebt man seinem überspannten Vorstellungsleben noch neue Nahrung, so darf man sich nicht wundern, wenn der Hang zum Wahnsinn um so schneller Thatsache wird.

Ein andermal blätterte der Knabe in meinem Handatlas von Andree. Freudestrahlend teilt er mir mit: „Die tiefste gemessene Meeresstelle ist das Meer von Tuskarora. Sie ist 8513 m tief." Und nun beginnt ein Fragen nach der Bedeutung des Namens, nach der Möglichkeit und Art der Messung: es wird die Tiefe in die Ebene verlegt, berechnet, wie vielmal ein Haus wie das unsere aufeinander gestellt werden müsse, ehe es heraussieht u. s. w. Tagelang beschäftigte ihn die tiefste Meeresstelle fast ausschliefslich. Nach Monaten war sie noch im lebhaften Bewufstsein.

Auch diese Erscheinung wird mancher loben und dem Knaben möglicherweise ein gediegenes Werk über Geographie zur Lektüre geben. Die Folge dürfte sein, dafs sich geographisches Zwangsdenken einstellt, das den übrigen gesunden und vielseitigen Vorstellungsinhalt seiner Seele krankhaft überwuchert. Besser ist es, das geographische Interesse längere Zeit ruhen zu lassen.

Auf alle Fälle darf jedem psychopathisch minderwertigen Kinde nur ein Unterrichtsstoff geboten werden, den es in jeder Beziehung mit Verständnis und Interesse erfassen kann, auch st es erwünscht, dafs er mit einer solchen Wucht auftritt, lafs er das Ungesunde im Vorstellungsleben niederzuhalten vermag. Der Unterricht mufs sich die Aufgabe stellen, einen neuen Geist mit klarem, leicht beweglichem Vorstellungsinhalte zu schaffen.

In keinem Falle aber darf einem psychopathisch minderwertigen Kinde ein Unterricht erteilt werden, der den Anschein zu erwecken vermag, als wäre das Kind für den vorgeschriebenen Lehrplan da.

Ebenso wichtig wie die Quantität und Qualität des Stoffes ist die methodische Verarbeitung desselben. Wenn selbst ein Pädagoge wie Ufer*) meint, dafs die didaktischen Regeln, wie z. B. die der Formalstufen, beim Unterricht geistig abnormer Kinder nicht anzuwenden und Schwachsinnige nur zu dressieren seien, so möchte ich das Gegenteil um so mehr betonen: je didaktisch richtiger ein Unterricht erteilt wird, desto mehr wird er zur geistigen Gesundung und Gesunderhaltung beitragen, und tief zu beklagen ist es, wenn die Lehrkräfte an Idiotenanstalten nicht auf der Höhe der neueren Didaktik stehen.

Gerade weil so viele psychopathisch minderwertige Kinder einer sogenannten mechanischen, d. h. verbalen Auffassung der Unterrichtsstoffe zuneigen, ist anstatt die Dressur und den Verbalismus zu pflegen, eine sorgfältige Durcharbeitung erforderlich, welche das Kind zunächst die Stoffe anschaulich und lebendig erfassen, sodann auf der Anschauung als dem „absoluten Fundament aller Erkenntnis" (Pestalozzi) sie klar denken und endlich die klar erkannten Regeln, Gesetze und Maximen praktisch sicher anwenden lehrt.

Innerhalb dieses allgemeinen Rahmens mufs man nun von dem Lehrer eines psychopathisch Minderwertigen unbedingt fordern, dafs er das Wesen der seelischen Anomalien klar erkennt und den Stoff wie die Methode so zu handhaben versteht, dafs beide korrigierend und heilend wirken.

Gewöhnlich hört man in Lehrer- wie in Elternkreisen reden: „Die individuelle Veranlagung mufs gepflegt werden." Der Satz kann sehr bedenklich werden. Er darf nur befolgt werden, wenn die individuelle Veranlagung eine gesunde und eine sittlich-gute ist. Sonst mufs das gerade Gegenteil geschehen. Zur Gesundheit gehört Harmonie des Geistes. Statt Pflege einseitiger Interessen oder einseitiger Pflege einzelner Neigungen gilt es zur Erstrebung und Erhaltung geistiger

---

*) Über das Wesen des Schwachsinns.

Gesundheit die **Vielseitigkeit** der Interessen zu betonen. Wir schliefsen darum grundsätzlich auch für unsere schwächsten Zöglinge kein Fach vom Unterrichte aus — es müfste sonst vorübergehend aus dem erwähnten Grunde geschehen.*)

Die am Schlusse unseres Begleitwortes zum „Tagebuch für Unterricht und Erziehung" gegebene Übersicht gilt darum für alle Schulen und alle Klassen. Einseitige oder Fachbildung zu erstreben, bleibe Sache der Berufsbildung im nachschulpflichtigen Alter. Nicht einmal die Trennung der Geschlechter in der allgemeinen Erziehungsschule läfst sich von diesem Standpunkte aus rechtfertigen. Die jetzt übliche geistige Differenzierung der beiden Geschlechter hat sogar leicht nachweisbare schwere **sociale** Minderwertigkeiten zur Folge.

Soviel über den heilpädagogischen Unterricht.

Wenden wir uns jetzt der **Zucht** oder der **Erziehung** im engern Sinne zu.

Der Unterricht sucht den Charakter des Zöglings durch ein Drittes, durch die Ausbildung des Gedankenkreises, zu beeinflussen. Die Zucht ist eine direkte Einwirkung des Erziehers auf den Zögling. Wie der Unterricht, so ist auch die Zucht an bestimmte Grenzen gebunden, schon bei normalen, geschweige denn bei abnormen Kindern. Sie kann auch durch die besten Mittel die körperliche und geistige Disposition des Zöglings nicht nach Belieben ändern. Doch vermag sie manches in der Entwicklung zu bessern. Sie kann üblen Einflüssen vorbeugen. Es können mancherlei nachteilige Wünsche und Neigungen, an deren Befriedigung die Lebensweise gewöhnt hat, mancherlei krankhafte Bestrebungen und Gesinnungen, zumal wenn sie in äufsern Verhältnissen ihren Grund haben, durch den bestimmenden Einflufs des Erziehers gehemmt und

---

*) „Jede Erziehung mufs bis zu einem gewissen Grade die Natur zu ergänzen, Mängel und Einseitigkeiten der Begabung **auszugleichen** suchen. Sie soll allerdings die individuellen Gaben nicht vernichten oder abschwächen, aber sie doch verhindern, sich in dem Mafse einseitig zu entwickeln, dafs dadurch das Gleichgewicht der geistigen und körperlichen Kräfte gefährdet wird," so mahnt auch Dr. **Konrad Lange** im Interesse der Kunstbildung. Vgl. **Die künstlerische Erziehung der deutschen Jugend.** Darmstadt 1893. S. 36.

beseitigt und dagegen kann für Besseres Lust und Liebe geweckt und gepflegt werden.

Notwendig ist es, dafs der Zögling von der Unhaltbarkeit seiner Vorurteile, seiner falschen Willensrichtungen, seiner verkehrten Handlungen im Unterrichte durch Belehrungen überzeugt werde. Allein die durch blofsen Unterricht gewonnenen Vorstellungen sind doch selten mächtig genug, selbst bei normalen Schülern das zu unterdrücken, was sie von Kind auf gewohnt waren. Sind aber die Gemüts- und Willensrichtungen krankhafter, abnormer Art, so erreicht der blofse Unterricht noch weniger. Gemüt und Wille müssen unmittelbar gepackt werden, wie es die Zucht bezweckt.

Ihre Mittel sind zunächst eine wohlgeordnete, regelmäfsige Thätigkeit, vom einfachsten Spiel bis zur ernsten Arbeit. Wo die Mafsregeln der Hygiene und der Regierung wie die unterrichtliche Bearbeitung der Einsicht versagen, da übt eine zweckmäfsige Beschäftigung nicht selten eine heilsame Wirkung aus. Melancholische Verstimmung, Hypochondrie, Hysterie u. s. w. lassen sich durch geregelte Beschäftigung oft auffallend bessern.

Ich beobachtete vor Jahren ein erwachsenes Mädchen, das auf keine Weise aus ihrer melancholischen Lethargie herauszubringen war. Schliefslich appellierte man an ihr Mitleid, und sie liefs sich bewegen, aus Barmherzigkeit eine todkranke Verwandte zu pflegen. Sie war nun Tag und Nacht am Krankenbette und genas trotz der Anstrengungen mit ihrer Pflegebefohlenen vollständig.

„Jedes gelungene Handeln bildet eben die Quelle für weiteres Wollen und Thun. Die gelungene That ist zugleich eine Schule des Mutes. Und wenn auch der Mut die Wege sich kürzer vorstellt, so weifs doch der Erzieher, dafs in dem mutlosen, zaghaften Gemüt die bösen Geister leichteres Spiel haben und betrachten ihn darum als willkommenen Genossen bei seiner Arbeit." *)

Die Schwäche des Wollens und die der Muskulatur läfst sich nur bessern, wenn der Zögling immer und immer

---

*) Pädagogik im Grundrifs von Prof. Dr. W. Rein, Direktor des padagog. Seminars an der Universität Jena. Stuttgart 1890. S. 121.

wieder zum Wollen und Handeln angeleitet wird. Doch darf man ihm nicht zu viel zumuten, damit sein Selbstvertrauen sich kräftigt. Jedes praktische Ziel mufs erreichbar sein auch für die schwächste Kraft und mit dem Gefühl des Wohlbehagens erreicht werden, damit ein neues Ziel **freudig** erstrebt werde.

Dafs die landläufige Erziehung hier oft schwer sündigt, indem sie dem Schwachen jede Last abnimmt, oder auch, indem sie durch stetiges Tadeln und Strafen erreichen will, was sich nur durch Aufmunterung erreichen läfst, ist eine bekannte Thatsache.

Verkehrte Willensneigungen und Handlungen lassen sich ebensowenig wegmoralisieren, so notwendig auch die Bearbeitung der Einsicht ist. Hier hilft ebenfalls vor allem Ablenkung durch Beschäftigung, welche an sittliches Wollen und zweckmäfsiges Handeln gewöhnt. „Gebt ihnen zu thun, damit sie sich nicht kehren an falsche Rede!" das Recept kannte schon Pharao. Hinzu kommt noch, dafs Handeln die Einsicht am besten korrigiert. Eine Theorie ohne Praxis ist „grau".

Die Zucht des Pädagogen benutzt darum gern die reiche Gelegenheit, welche die Lebensordnung der Familie oder der sie vertretenden Anstalt mit ihren **Beschäftigungen, Besorgungen, gegenseitigen Dienstleistungen** u. s. w. bietet. Und sie werden für den Zögling eine um so gröfsere heilerzieherische Bedeutung erlangen, wenn diese mit amtlicher Würde bekleidet und dem Zöglinge als sociale Ehrenpflicht auferlegt werden.

Doch aufserdem sind Einzelbeschäftigungen wie gemeinsame Arbeiten im Garten, in der Werkstatt, in der Hauswirtschaft u. s. w. planmäfsig zu gestalten und dem Einzelnen je nach Art seiner fehlerhaften Veranlagung zu verordnen, bald zur Gesundung und Kräftigung des Intellekts — die Handhabung eines Gartengeräts klärt z. B. bei manchem die Gedanken mehr als eine grammatische Arbeit —, bald zur Kräftigung und Gesundung der Gemüts- und Charakteranlagen.

Ein Ähnliches gilt von der **Festigkeit der Lebensordnung**, der Ausbildung fester Gewohnheiten. Ordnung, Pünktlichkeit, Fleifs, Strebsamkeit, Freundlichkeit, Höflichkeit sind ihre nächsten Früchte; und sie sind gute Geister, welche verkehrte Wallungen niederhalten, sie sind Schutzengel, welche gefährdete Kinder vor dem Niederstürzen in Abgründe bewahren helfen. Und sofern die Lebensordnung eine gemeinsame ist, hilft sie auch die bei den psychopathisch Minderwertigen so oft verkümmerten altruistischen Gefühle pflegen. Wirksamer und weitgreifender ist endlich die direkte Beeinflussung des Gemüts, über dessen Bedeutung für das ganze Personleben wir oben schon im Anschlufs an Maudsley hinwiesen.

Bei psychopathisch Minderwertigen überwiegt oft das Egoistische gegenüber dem Altruistischen. Übt darum — um mit Rein*) zu reden — „gemeinsame Freude und gemeinsames Leid, gemeinsame Arbeit und gemeinsame Erholung eine grofse Gewalt auf die Bildung von Lebensanschauung und Willensrichtung, eine Gewalt, die, sei sie schädlich oder segensreich, fortwirkt durchs ganze Leben", so fällt dem Zuchtmeister unserer Belasteten die unerläfsliche Aufgabe zu, das gemeinsame Leben in der Familie oder in besonderen Veranstaltungen derart zu gestalten, dafs die fehlerhaften Gemütszustände in richtige Bahnen gelenkt werden. Durch regen Wechselverkehr des Erziehers mit dem Zögling und durch Anregung eines zweckmäfsigen Verkehrs der Zöglinge untereinander beim Aufstehen und Niederlegen, bei den Mahlzeiten, bei Festen und Feierlichkeiten, bei Spaziergängen und Wanderungen, bei der Arbeit wie beim Spiel bietet sich hinreichende Gelegenheit den Niedergeschlagenen aufzurichten, den Trotzigen und Eigensinnigen zu beugen, den Hochmütigen und Selbstbewufsten zu demütigen, den Eitlen und Selbstgefälligen zu beschämen, den Ungeschickten und Schüchternen zu ermutigen, den Trägen fortzureifsen, den Verweichlichten und melancholisch Sentimentalen abzuhärten, den Unverträglichen und Rechthaberischen zur Subordination zu bringen, den Herrschsüchtigen zum Dienen, den Eigennützigen zur Teilnahme zu gewöhnen u. s. w. Es bietet sich aber nicht minder Gelegenheit, über diesen und jenen Fehler mit den Einzelnen unter vier Augen zu reden, von Herzen zum Herzen. Kann dann auch aus psychopathischen Ursachen der Zögling nicht immer den Fehler

---

*) a. a. O. S. 122.

sofort lassen, ein anderes Wollen läfst sich aber durchweg auf diese Weise erzielen. Und ist erst der Zögling so weit, dafs das Wollen mit dem Vollbringen, das „Gesetz im Gemüt" mit dem „andern Gesetz in den Gliedern" oder im „Fleisch" den „guten Kampf des Glaubens" aufnimmt — um mit dem mit psychopathischen Schwächen wohlvertrauten Paulus zu reden — so ist viel gewonnen.

Wenn solcher Umgang zwischen Erzieher und Zögling jedoch seine volle Wirksamkeit entfalten soll, so darf Zweierlei nicht fehlen.

Erstens mufs der Erzieher selbst erzogen, er mufs eine sittlich vorbildliche Persönlichkeit sein, wie unser gröfster Pädagoge Christus eine solche für seine Zöglinge war und ist, „der uns gelassen hat ein Vorbild, dafs wir sollen nachfolgen seinen Fufsstapfen". Der ganze Schwerpunkt der Erziehung liegt eben in der Persönlichkeit des Erziehers, in seinem Beispiel im Urteilen, Handeln, Benehmen, im Thun wie im Lassen, in seiner Gesundheit an Leib und Seele, in seinem Glauben, Lieben, Hoffen, in seiner Methode wie seiner ganzen pädagogischen Durchbildung. Unausgesetzt und unabsichtlich wirkt sein Beispiel an dem inneren Leben des Einzelnen emporziehend oder niederdrückend. Ist er lauter und wahr, ist er gewissenhaft und tüchtig, konsequent und gerecht, hat er sich in allen Lagen und Fällen in der Gewalt, ist er weder hämisch noch zum Zorn geneigt, hat er Geduld mit den Verkehrtheiten und Schwachheiten, hat er Herz und Kopf für seinen Beruf, kurz, ist er ein ganzer Mann, so werden ihm „Autorität und Liebe" seiner Zöglinge gewifs sein und auch die bösen Geister seiner Lieblinge werden sich schliefslich fügen und weichen.

„Man würde erzogene Kinder gebären,
Wenn die Eltern selber erzogen wären."

Sodann ist die Pflege des religiös-sittlichen Lebens durch den täglichen Umgang wie durch besondere Unterredungen, Andachten, Kindergottesdienste u. s. w., sofern sie an das Fühlen und Streben der Kinderherzen anknüpfen, unentbehrlich. Wenn der Gesinnung die religiöse Weihe fehlt, wenn sie nicht erwächst auf dem Boden des Gottvertrauens und hieraus ihre Nahrung zieht, so bleibt sie eine kümmerliche Pflanze ohne

Halt und Festigkeit. Doch wolle man nicht meinen, dafs man mit leerem Reden über religiöse und moralische Dinge, welche dem Zöglinge unverständlich sind, psychopathische Minderwertigkeiten beseitigen kann und dafs ein Kind schon dort gut aufgehoben ist, wo viele Worte über Religion memoriert und viele Andachten abgehalten werden. Wenn schon die gedruckten Worte eines Buches von Gott sind, so sind es auch die Thatsachen des Seelenlebens bei gesunden wie bei abnormen Kindern. Und diese Erscheinungen verstehen und ihnen in Unterricht, Heilpflege, Seelsorge und Erziehung Rechnung tragen, ist auch ein Gott wohlgefälliger Dienst. und manche Seelsorge würde wirksamer sein, wenn sie zunächst diesen Dienst übte, wie Roemer so vortrefflich darlegt.*)

Auch in dem Seelenleben des Einzelnen wie ganzer Völker und Volksschichten liegt eine Gottesoffenbarung. Und nur der, welcher auch hier Ohren hat zu hören und Augen zu sehen, vermag in Wahrheit mit dem Erlöser den von der Welt Verachteten das Evangelium zu verkündigen:

„Selig sind die Armen am Geist; denn ihrer ist das Himmelreich."

*) Psychiatrie und Seelsorge. Sonderabdruck aus der kirchlichen Zeitschrift: „Halte, was du hast." Von Dr. A. Roemer. Stuttgart 1890.

Inhalt.

Seite

I. Unsere Aufgabe 3
II. Zur Charakteristik einiger psychopathischer Minderwertigkeiten 7
III. Ursachen der psychopathischen Minderwertigkeiten 16
IV. Zur Verhütung psychopathischer Minderwertigkeiten 39
V. Über die Behandlung der Kinder mit psychopathischen Minderwertigkeiten 63